高定旗袍技术系列丛书

高定旗袍手工工艺详解

郑碧红 著

東華大学 出版社

·上海·

U0163111

内容介绍

本书介绍了旗袍历史的演变，旗袍常用各类面料的特点，旗袍上常用图案纹样的美好寓意，各种旗袍类型名称。本书结合实例图片与视频详尽地讲述了传统手工工艺中滚、镶、宕、贴、绣等装饰手法及工艺，直扣、花扣扣艺使用的装饰部位、制作方法及缝钉技术。

图书在版编目（ＣＩＰ）数据

高定旗袍手工工艺详解 / 郑碧红著. — 上海：东华大学出版社，2023.6
ISBN 978-7-5669-2200-7

Ⅰ.①高…　Ⅱ.①郑…　Ⅲ.①旗袍－服装缝制　Ⅳ.①TS941.717.8

中国版本图书馆CIP数据核字（2023）第047649号

高定旗袍手工工艺详解

GAODING QIPAO SHOUGONG GONGYI XIANGJIE

郑碧红　著
出　　版：东华大学出版社（上海市延安西路1882号，200051）
网　　址：http://dhupress.dhu.edu.cn
天猫旗舰店：http://dhdx.tmall.com
营销中心：021-62193056　62373056　62379558
印　　刷：苏州工业园区美柯乐制版印务有限责任公司
开　　本：889 mm×1194 mm　1/16　印张：14.25
字　　数：500千字
版　　次：2023年6月第1版
印　　次：2023年6月第1次印刷
书　　号：ISBN 978-7-5669-2200-7
定　　价：98.00元

contents

目录

第一章

旗袍概述

第一节　旗袍溯源

"衣食住行"，衣为首。服饰从初始仅作为遮体、保暖等功能性使用，到"黄帝、尧、舜垂衣裳而天下治"，中国人才开始将服饰作为一种礼仪与制度，教化天下，成为中华文化的一部分。服饰在阶级社会里也是权力和等级的象征。服饰的演变，一直是社会文明兴衰和经济文化变化的晴雨表。

在漫漫中华文化历史长河中，服饰的形制带着深刻的（尤其是儒家礼仪）文化烙印：宽博、简繁、色彩和纹样皆有寓意。历朝的民族文化的大融合，使汉民族在服饰上受到其他各民族的影响，汉服饰文化的着装习惯和制式同样也对其它民族带来冲击。中国古代服饰，是以汉文化服饰为基础，多民族服饰特征融合的产物。

在中国古代服饰史中，主要的服饰形式有弁服、深衣和袍服。弁服采用上衣下裳分裁制，取"上为天，下为地"之意，是一种仅次于冕服（古代帝王诸侯等贵族阶层穿着的正式礼服）的服饰。深衣也是采取上衣下裳形制，上下分裁却为合制。袍服则不分衣、裳，是一种上下通裁的长衣。

旗袍的雏形是袍服。袍服在中国服饰史上历史悠久，据汉书记载："袍"为"苞"，一开始只为贵族等的内衣，袍有长短之分，短者为襦，同时穿裤（泽）。贵族若要外出见客等必须外加弁服，但是平民不限。袍作为正式服装登堂入室始于东汉，直至东汉明帝时期，设衣服之禁，定袍、深衣和禅衣共为朝服，自此，袍服制才真正得到普及（图1-1-1、图1-1-2）。后来唐太宗贞观年间诏定除元旦、朝会及大祭祀仍着弁服外，一般均用衫袍，这也使袍服穿着越来越普遍。

袍服的形式在历代均有不同的变制。袍服发展最重要的变化，就是旗袍的出现和普及。而清朝满族统治阶层的妇女，特别是宫廷贵妇的装束沿袭传统，多着长袍。

◎ 图1-1-1　汉代深衣　　　　　　　　　　◎ 图1-1-2　汉代直裾

◎ **图1-1-3** 陕西省历史博物馆展示的宋、元时期右衽、左衽图例

◎ **图1-1-4** 清皇家贵族男袍服

以汉族为主的中原地区，自唐代以后女子的裙服成为越来越普遍的的服饰。到明代，仅有皇后和命妇的祭服才是上下通裁的袍服。由于满族人以八色旗区分八部军民，因而满人也称旗人，满族妇女所穿的袍服也就自然被叫旗袍了。故此，现代人会误以为女装中的袍服是满人特有，而裙衫才是汉人的标示。因当时男子改穿清装，女子按可以"男从女不从"，始终穿着明式的裙衫而不着清的袍服，可见袍服是中华古制，并非清朝才有。

另外，据中国古籍所载，汉代衣襟右掩，即右衽，这一形制是传统汉式服装的标志，而北方各民族的服饰均采用左衽，图1-1-3为陕西省历史博物馆展示的宋、元时期出现的左衽、右衽的服饰图例。

而在清初期的袍服就已采用右衽，见图1-1-4清皇家贵族男袍服。可见，满人虽属北方少数民族，文化教育和思想意识在几百年发展中同受中华文化这一范畴的广泛影响，为骑射方便下摆前后左右开衩，也用右衽，尽管旗袍是由满族人直接改制成的袍服，其仍是几千年中国服饰文化中的一种形式和现象，是中国服饰文化承前启后的一个重要组成部分。

第二节　旗袍的演变

　　旗袍在不同的时期其形态都有所区别，裁剪方法也随着时代变迁而不断变化（图1-2-1）。旗袍的雏形传承了袍服的宽大平面，演变到合身立体，随着时代的发展，不断地进行变化，从而满足了不同时代的审美要求。

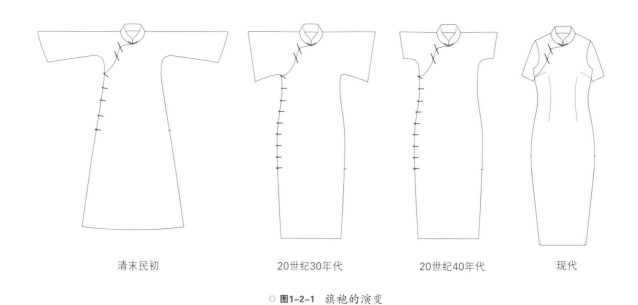

清末民初　　　　　20世纪30年代　　　　20世纪40年代　　　　现代

◎ **图1-2-1**　*旗袍的演变*

一、传统满族旗袍

　　从字面解，旗袍泛指旗人（无论男女）所穿长袍，不过与近现代的旗袍有血缘关系的"旗袍"，特指八旗贵族妇女所穿长袍。而用作满贵族礼服用的朝袍、蟒袍等，其实已不属于近现代习惯意义上"旗袍"的范畴了。满族妇女所穿的传统满族旗袍，两边不开衩，袖长27~34cm。早期的旗袍，色彩、图案、尺寸等都带有特定的象征意义。从顺治、嘉庆年间屡次颁布的禁令可见，入关后满族女子仿效汉族妇女装束的风气极盛。至清后期，亦有汉族女子效仿满族女子装束的。至此，满汉妇女服饰风格的相互交融，使双方服饰的差别日益减小，这也是旗袍流行全国的前奏。

　　清后期，满族妇女长袍，衣身依旧宽博，造型线条仍平直硬朗，衣长至脚踝。此时期，"元宝领"较普遍，领高极高，盖住腮碰到耳，袍身则多饰绣各色纹样，领、袖、襟均有多重宽细滚边。至咸丰、同治年间，镶滚的运用达到高峰，最夸张的，整件衣服几乎用花边镶滚满，以至于衣料本身几乎难以辨识。满族妇女袍服装饰之繁琐，也在这个阶段几至登峰造极的境界。而此时的清王朝，则正处于危亡存续，风雨飘摇之际。清廷洋务派提出"中学为体，西学为用"，同时在贵族子弟中选拔、派遣大批留学生到国外学习，也就在这批中国留学生中，最先出现了西式的着装。西式服饰的输入，吹进一股新风，为民众着装审美提供了另一种评判体系，直接影响社会服饰观念的变更。日后旗袍演化为融贯中西的新式款型，其受西方影响的改变可说即是由此开始。

二、传统旗袍

1. 红地缂丝龙纹女吉服（图1-2-2）

红地缂丝龙纹女吉服为无领，马蹄袖，袍身绣海水金龙，五彩祥云内缀蝙蝠，下摆海水江崖，以示山河永固，福来相伴的寓意。宫廷后妃服饰。

2. 八团花卉女袍（图1-2-3）

八团花卉女袍绣有三山耸立图案，色彩明艳，团花里以牡丹为主，饰以各类奇珍异花以示欢喜祥和。王爷福晋在隆重场合穿着的服饰。宽袖口是道光年间的常见造型。

◎ 图1-2-2　红地缂丝龙纹女吉服

◎ 图1-2-3　八团花卉女袍

◎ 图1-2-4 浅黄地缂丝蝶恋花女氅衣

3. 浅黄地缂丝蝶恋花女氅衣（图1-2-4）

氅衣是传统的汉族服饰，是清中期贵族妇女的常见款式。氅衣改变了满族服饰长袍窄袖的样式，迎合了清中期宫廷生活追求豪华铺张、安逸享乐的风尚，在清廷内宫流行起来。其受江南民间十八镶的影响，衣服宽松，袖子肥大且装饰挽袖，两侧高开衩，花边装饰将整件衣服围绕起来，通身刺绣彩蝶与缠枝牵牛，构成蝶恋花的纹饰主题。

4. 绿绸地暗团纹女衬衣（图1-2-5）

衬衣形同氅衣，也是长及脚面，有肥瘦两种，肥型的穿在外面，瘦型的穿在里面与坎肩、褂等套穿，衬衣下摆不开衩，左侧也不装饰花边。清末，氅衣与满族服饰特点的袍服相融合，逐渐演变成了旗袍。

◎ 图1-2-5 绿绸地暗团纹女衬衣

5. 上衣下裙套装（图1-2-6）

上衣下裙套装是汉族妇女的服装，民间女子在清朝统治下遵循官从民不从，服装形制并没有多大改变，宽大的上衣下配百褶裙也叫马面裙，一直延续至清末民国初年，是我国传统裙装中很重要的一种。清代马面裙重视马面和镶滚边装饰，裙褶细密，镶滚边繁缛。

6. 蓝缎地盘金绣凤穿牡丹纹女袍（图1-2-7）

鸦片战争后，帝国主义的侵略，中国逐步沦为半殖民地半封建社会，西方资本主义文化在中国的影响日益扩大，从而也影响到了服饰的变化。1911年辛亥革命成功，废除帝制，建立了民国，原来的辫发陋习从此废除。同时衣冠文化也发生了巨大的变化，女性意识的觉

◎ 图1-2-6　上衣下裙套装

◎ **图1-2-7**　蓝缎地盘金绣凤穿牡丹纹女袍

（清代服饰此部分图片来自古籍资料照片）

醒，使得妇女服饰不再肥大罩身，而是逐渐合体，并随着时代的演变朝着显露身材、有意识地突出性别特征的方向演变。这段时期是中国服装史上重要的一次服装大变革时期。图1-2-7所示这件盘金绣女装虽然有清代的形式，但是通袖变得窄小了，没有了宽宽的挽袖，下摆也变窄了，各种复杂的大镶边滚边都没有了。

三、近代旗袍

　　辛亥革命，推翻了中国历史上最后一个封建王朝，解除了服制上等级森严的种种桎梏，服装走向平民化、国际化的自由变革，已经水到渠成，旗袍也由此卸去了传统沉重的负担。此时，旧式满族妇女的长袍将被摒弃，新式旗袍在酝酿。

　　20世纪20年代初期，旗袍仍然宽大平直，旗袍的下摆比较大，整个袍身也是呈"倒大"的形状。辛亥革命以后，旗袍去繁就简，廓型立体。袍服由传统的"一片式平面直线裁剪"变为"省道式曲线裁剪"和"多片式组合裁剪"，整体造型也慢慢由"直"变"曲"，肩、胸乃至腰部，则已呈合身之趋势。直领，右斜襟开口，紧腰身，衣长至膝下，两边开衩，袖口收小等现代旗袍的典型特征也日渐显现。张爱玲说："初兴的旗袍是严冷方正的，具有清教徒的风格。"

　　据说得风气之先的上海女学生是现代旗袍流行的始俑者。大抵因上海在中国拥有特殊的经济、政治地位，是国内外各方政治、经济势力和各种新鲜思想的集散地。聚集在上海的传教士、商人、革命党人竞相办女学，掀起解放妇女，女权运动浪潮。旗袍的发展更加趋向于简洁，色调力求淡雅，注重体现女性的自然之美。当时的女学生作为知识女性的代表，成为社会的理想形象，她们是文明的象征、时尚的先导，以至社会名流时髦人物都纷纷作女学生装扮。

　　20世纪30年代后，旗袍造型完美成熟，但此后的旗袍再难以跳出这时期形成的廓型，仅在长短、胖瘦和装饰上变化而已。加上此时的上海海外通商的便利，外国衣料源源输入，各大报刊杂志开辟出了服装专栏，更有红极一时的月份牌时装美女画，这都无疑推动着上海时装的产生与流行。旗袍的修长适体正好迎合了南方女性清瘦玲珑的身材特点，因此在上海滩倍受青睐。而加入西式服装特点

◎ 图1—2—8　民国时期的旗袍

（照片来自网络图片）

的海派旗袍，也就自然很快从上海风靡至全国各地。作为海派文化的重要代表，海派旗袍便成为20世纪30年代旗袍的主流，我们所讲的20世纪30年代的旗袍也就是海派旗袍了。

20世纪30年代后期出现的改良旗袍又在结构上吸取了西式裁剪方法，使袍身更为贴身合体。旗袍成为当时中国妇女最时髦的服装，改良和创新更加频繁。先是崇尚高领，后来又流行低领至无领。袖子时而长过手腕，时而又短及露肘，两边开衩开得比较高，腰身进一步合体，以显示女性的曲线。当时一般旗袍开襟都用暗扣，外表用花扣装饰，多采用传统吉祥图案。20世纪30年代末出现的旗袍结构更加西化，胸省和腰省的使用使旗袍更加合身，同时出现了肩缝和装袖，使肩部和腋下也合体了。有人还使用较软的垫肩，谓之"美人肩"，这表明女性开始抛弃以削肩为特征的旧的理想形象。

20世纪40年代是旗袍巅峰期的延续。20世纪30年代出现的盖肩更广泛地使用，同时面料的使用也更为不拘一格，镂空花边、珠片等很流行。由旗袍衍生出来的旗袍裙之类的新样式也很多。视为旗袍要素的立领、偏襟或大襟、开衩、盘纽等也不一定同时存在于一件旗袍，时装化的旗袍内加入了很多西式服装的元素，旗袍的概念至此变得更为宽泛。所以我们现在可以看到无襟、无领或不开衩的旗袍。

至此，中国妇女终于获得了一种代表这个时代重要价值的基本服式，一种富有特色的民族服装，其既符合时尚，又尊重民族特性，它象征着中国妇女积极而进步的生活方式。图1-2-8为民国时期的上海妇女所着的典型旗袍及当时的海报。

四、现代旗袍

20世纪40年代后，旗袍渐渐被国人冷落了。

20世纪80年代之后随着传统文化被重新重视，作为最能衬托中国女性身材和气质的中国时装代表款式——旗袍，再一次吸引了人们注意的目光。究其原因，一是受影视作品影响。这些年民国题材的影视剧（如经典影片《花样年华》），剧中女性身着各式旗袍，或高贵典雅，或温婉清丽。人们突然发现，原来曾经我们如此优雅美丽。二是中国综合国力的日渐强大，国人无论是在绘画、音乐、雕塑、文字、诗词、舞蹈领域，这些孕育着千百年智慧与民族精神的宏扬让中国人更加坚定文化自信。三是服装界也掀起了复古的风潮。中国的传统文化艺术，得到良好传承和大力发扬。在国际时尚舞台上，持续不断的"中国潮"也越来越吸引了国际知名设计师对中国服饰文化的关注，中国传统服饰文化元素被大量地采用在秀场和成衣中。

现今，穿着旗袍不再是个别人的爱好，日常生活中穿着旗袍的人也越来越多，同时，旗袍也经常出现在年轻人的婚庆典礼中。图1-2-9为现代常规旗袍款式。

◎ **图1-2-9** 现代常规旗袍

第三节 旗袍常用面料及图案

一、旗袍的常用面料

旗袍的常用面料有天然纤维织物和化学纤维织物两种。

（一）天然纤维织物

天然纤维织物的原材料是天然纤维，有真丝、棉、麻、毛等。

1. 真丝纤维织物

旗袍的常用面料基本以丝绸为主，江南的江浙一带一直盛产各类蚕丝面料，如绫罗绸缎，绢、纺、绉、纱、绡等，形态多样，质感各异。

真丝是蚕的腺体丝，南方蚕吃桑树叶吐的丝叫桑蚕丝，北方蚕吃柞树叶吐的丝叫柞蚕丝。这是一种天然纤维，具有养肤、透气吸湿、爽滑的优点。桑蚕丝比柞蚕丝更柔滑和细腻，所以更受人们喜爱。真丝类面料是中国古典高档的传统面料，多用于旗袍类和礼服类，体现华美的中国韵味。

（1）常用真丝面料（图1-3-1）

常用真丝面料中较为柔软且悬垂度好的包括素绉缎、弹力缎、重缎、桑波缎、双绉、重绉、留香绉、乔其纱、剪花绡（烂花绡）、丝绒（乔绒）、花罗等。面料挺括而华丽的有库缎、漳绒缎（缎面上植绒）等。

1. 素绉缎

2. 印花素绉缎

3. 弹力素绉缎

4. 印花弹力素绉缎

5. 重磅缎

6. 花库缎

7. 留香绉

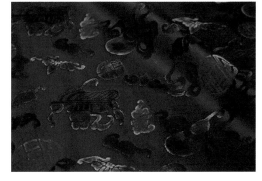

8. 漳绒锻

9. 重绉

10. 印花双绉

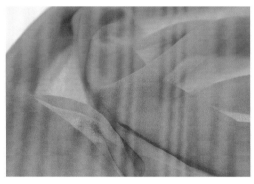

11. 乔其纱

12. 提花桑波缎

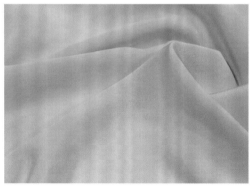

13. 双绉

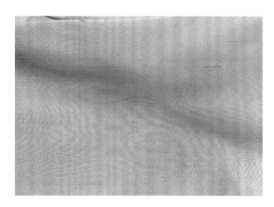

14. 双宫

15. 琦

16. 剪花绡

17. 鬼绉

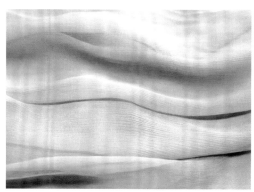

18. 顺纡

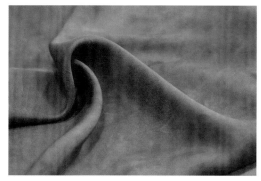

19. 斜纹绸

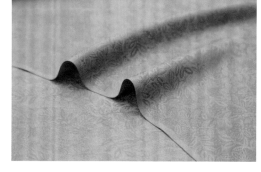

20. 绢

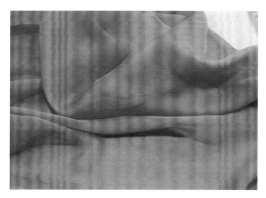

21. 雪纺

22. 花罗

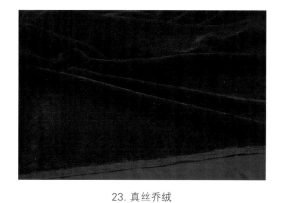

23. 真丝乔绒

◎ **图1-3-1** 部分常用真丝的面料

（2）织锦类面料（图1-3-2）

　　旗袍中也会运用到一些比较华丽的织锦面料。织锦是我国传统的具有代表性的丝织品种大类，织锦面料柔滑，重质感，花纹精致，色彩绚丽，质地紧密厚实，表面平整有光泽，随着光线的变化面料会泛出不同丝线的光泽感。近几年由于传统文化的复苏，苏锦、宋锦、经锦、纬锦、云锦等织锦面料被重视和使用起来。锦类面料织造复杂，手工工艺多样，产量受限，传统门幅通常是70cm左右，价格相对昂贵。

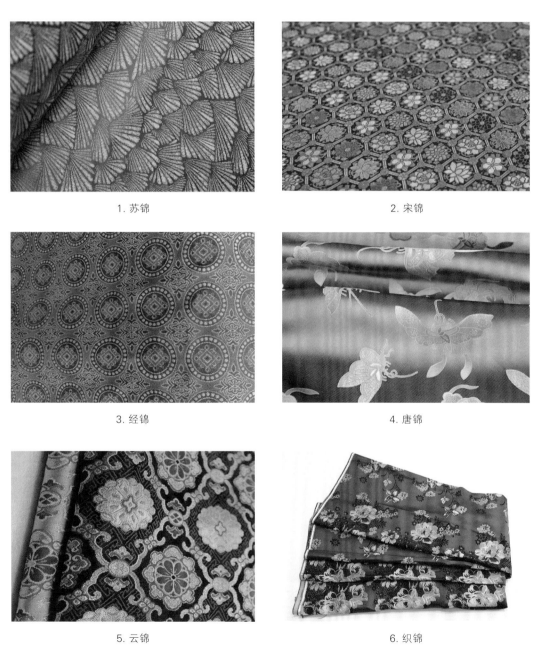

1. 苏锦

2. 宋锦

3. 经锦

4. 唐锦

5. 云锦

6. 织锦

◎ **图1-3-2** 织锦面料

（3）香云纱（图1-3-3）

香云纱也是旗袍的常用面料。香云纱俗称莨绸、云纱，是一种用广东特色植物薯莨的汁水对桑蚕丝织物涂层，再用珠三角地区特有的含矿河涌塘泥覆盖，经日晒加工而成的一种昂贵的丝绸制品。由于穿着走路时会"沙沙"作响，所以最初叫"响云纱"，后人以谐音叫作"香云纱"。

◎ **图1-3-3** 香云纱

（4）欧根纱和欧根缎（图1-3-4）

欧根纱和欧根缎是蚕茧在80℃左右水温时直接抽丝织造的布料，带着丝腺原有的涩性，易皱。但是欧根纱轻薄、透明、轻盈，成型性好，色彩丰富，与其他颜色或者面料可以搭配出更丰富的形态，设计感强。欧根缎相较于欧根纱，密度更高，质感稍硬。

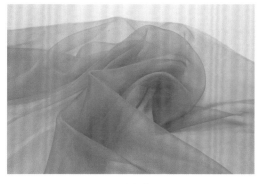

1. 欧根纱　　　　　　　　　　　　　　　2. 欧根缎

◎ **图1-3-4** 欧根纱和欧根缎

2. 棉麻面料（图1-3-5）

日常休闲旗袍通常会用到棉麻面料。棉麻面料虽易皱，但透气性好，且相对较好打理。

3. 毛呢面料（图1-3-6）

毛呢面料常用于秋冬旗袍上，它采用动物毛发纤维制成。毛呢面料具有弹性好、保暖性好等特点，组织结构变化多样。

4. 天然纤维交织面料（图1-3-7）

丝与羊毛、丝与麻、丝与棉交织的面料，不仅具备丝的光泽，还具有其他纤维的特性。毛与其他材料交织，如丝毛混等，根据含毛量和工艺的不同，保暖度和成型效果各不一样。

1. 亚麻

2. 棉麻

3. 提花棉麻

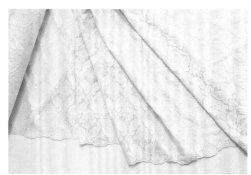

4. 棉质蕾丝

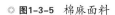

◎ **图1-3-5 棉麻面料**

◎ **图1-3-6 毛呢面料**

1. 毛混

2. 丝麻

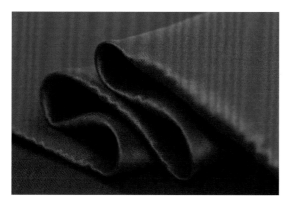

3. 丝毛

4. 丝棉

◎ **图1-3-7** 常见天然纤维交织面料

（二）化学纤维

化学纤维分为人造纤维和合成纤维两大类。①人造纤维，以天然高分子化学纤维纺丝化合物如纤维表为原料制成的化学纤维，如黏胶纤维、酯酯纤维。②合成纤维，以人工合成的高分子化合物为原料制成的化学纤维，如聚酯纤维（涤纶）、聚酰胺纤维（锦纶等）、聚炳烯纤维（腈纶）。

1. 人造纤维——醋酸面料（图1-3-8）

整体有缎子的光泽度，又称缎类面料，多用于礼服。面料垂坠感强，与真丝面料相比易于保养。

2. 合成纤维——提花面料（图1-3-9）

提花面料是指纱线立体织造，形成鲜明对比。

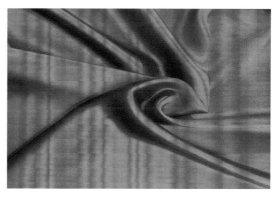

◎ **图1-3-8** 醋酸面料

1. 化纤提花面料

2. 立体浮雕感的面料

◎ **图1-3-9** 提花面料

3. 蕾丝织物（图1-3-10）

在原有面料的基础上加入绣花、钉珠等工艺，将原面料改变肌理效果，使面料更有艺术感和时尚感。主要面料类型：水溶蕾丝、钉珠蕾丝等。

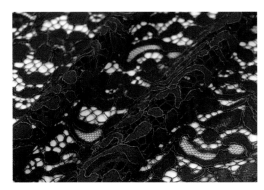

1. 水溶蕾丝

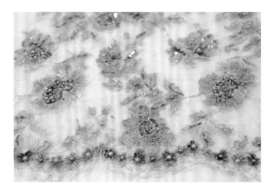

2. 钉珠蕾丝

◎ **图1-3-10** 蕾丝织物

二、常用旗袍图案

旗袍的图案主要有两大类：面料本身图案和刺绣图案。

旗袍作为中国服饰文化的代表，除了表现在面料材质及款式上外，还表现在面料的图案上。其汲取了我国的历史文化精华，在面料上表现出了内涵丰富、极赋象征的图案。旗袍的图案常见的有：龙狮麒麟百兽、凤凰仙鹤百鸟、梅兰竹菊百花，以及八宝、八仙、福禄寿喜等。

除了面料图案，刺绣图案在中国传统服饰文化中占据着重要位置。国人擅于通过图案刺绣，增加服饰视觉效果。中国刺绣"有图必有意，有意必吉祥"，故多为福、禄、寿、喜、财等为主题的吉祥图案。江南刺绣则以"苏绣"为主，其具有图案秀丽、构思巧妙、绣工细致、针法活泼、色彩清雅的独特风格，以"平(绣面平伏)、齐(针脚整齐)、细(绣线纤细)、密(排丝紧密)、和(色彩调和)、顺(丝缕畅顺)、光(色泽光艳)、匀(皮头均匀)"为特点，有别于国内其他地区的绣品。

图案通过刺绣工艺，更加立体生动，寄托制作人美好的寓意，从而提升穿着者的雅韵气质。

1. 中国传统服饰图案寓意

中国传统服饰图案往往有美好的寓意，表1-3-1为常用图案及寓意。

表1-3-1 常用传统服饰图案及寓意

	图 案	寓 意
动物	龙、凤、蟒（四爪）	权力（男、女）最高等级
	牡丹	富贵、吉祥
	狮、虎、豹	威仪、力量
	鹿	通"禄"
	龟、鹤	长寿
	鸳鸯	爱情
	蝴蝶	春光、美景
	蝙蝠	通"福"
	喜鹊	喜
	蜂	通"丰"，意：丰收
	鱼	通"余"，意：年年有余
植物	松、仙桃	长寿
	太平花	太平、平安
	石榴、葡萄	多子
	萱草、枣、花生	生男、得子
	梅兰竹菊	君子、友谊、品行高洁
	并蒂花	爱情
	佛手	福
	莲花、莲蓬	通"连"、多子
	荷花	和睦、家和
其他	铜钱、元宝	财富
	磬	通"庆"
	瓶	通"平"，意：平安

2. 旗袍常用图案（图1-3-11）

1. 牡丹　　　　　2. 荷花　　　　　3. 仙鹤灵芝

4. 五蝠献寿　　　5. 绣球　　　　　6. 五爪单龙

7. 双凤比翼　　　8. 双蟒献桃　　　9. 凤穿牡丹

10. 龙凤戏珠　　　11. 麒麟　　　　　12. 凤凰

◎ **图1-3-11**① 旗袍常用图案来源

13. 鸳鸯戏水　　　　　14. 松鹤延年　　　　　15. 绶带月季

16. 孔雀　　　　　17. 喜上眉梢　　　　　18. 梅瓶兰花

19. 蝶戏菊花　　　　　　　　　20. 蜻蜓荷叶

◎ **图1-3-11②**　*旗袍常用图案来源*

　　寄托人们美好期望和寓意的传统图案正如中华服饰的"基因",被一代代人传承着,同时体现在服饰文化中,成为华服的重要组成部分。

3. 传统服饰图案在旗袍中的运用（图1-3-12）

1. 凤穿牡丹纹

2. 龙凤呈祥

3. 袖口\门襟 海水江崖纹

4. 背面海水江崖纹

5. 下摆牡丹纹

6. 腰节团花纹

7. 胸口牡丹纹

8. 胸口玉兰纹

◎ 图1-3-12 传统图案在旗袍中的应用

第二章

旗袍常用手工
工具及针法

第一节　手工工具

工欲善其事，必先利其器。合理巧妙地使用好工具，可以起到事半功倍的效果。本节将介绍旗袍制作常用手工工具以及材料。

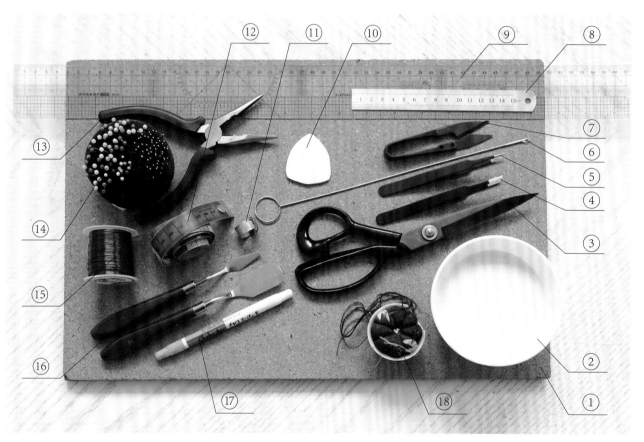

◎ **图2-1-1**　旗袍制作常用手工工具

1. 旗袍制作常用手工工具（图2-1-1）

① 软木板：做花扣时定型扎珠针用。

② 浆　糊：一般用面粉和明矾按比例调配，加热搅拌得到。市场上的化学浆糊黏度不够，做花扣条子定型能力较差。

③ 裁布剪刀：剪布用。剪纸剪刀与剪布剪刀分开使用较好，剪纸的刀钝得快，经常剪纸的剪刀用来剪布容易剪毛布边。

④ 扁　镊：做花扣时夹紧布条转折造型用。

⑤ 尖　镊：做花芯等细节部位、挑除线段等使用。

⑥ 长钩针：用来翻条子，勾住扣条一端面料翻到正面。

⑦ 线　刀：用于剪线、拆除线头等。

⑧ 钢　尺：测量局部尺寸。

⑨ 放码尺：制作样板时放缝、测量用。

⑩ 划　粉：裁剪时在面料的反面画线或做记号用。

⑪ 顶　针：手工缝合时，支撑手缝针更好地穿过面料，起到保护手指作用。

⑫ 皮　尺：正反有厘米和英寸或市寸的不同标记。用来测量柔软起伏的程度或曲线位置。

⑬ 夹头钳：用来夹断铜丝，拔拉链牙齿、断针等。

⑭ 针插包：收纳各种类型的针。

⑮ 铜　丝：穿在花扣扣条里，在折叠造型时起到固型的作用。

⑯ 刮　刀：扣条刮浆糊用。

⑰ 记号笔：有两种。一种是热消笔，画好后熨斗一加热就会消失；一种是一头画色，另一头有消色作用。一般用于浅色料、薄料子上画记号用。

⑱ 手缝针：在各个部位手工缝合时用。

2. 旗袍制作常用材料（图2-1-2）

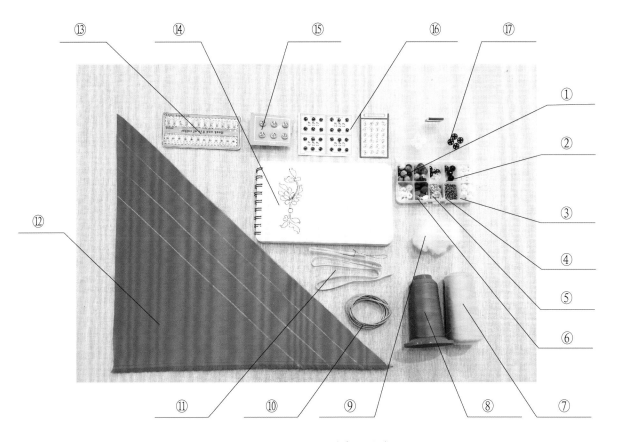

◎ **图2-1-2　旗袍制作常用材料**

① 珠　　子：作为扣子的扣头或者花扣的扣芯。

② 珍珠扣：作为扣子的扣头。

③ 珍　　珠：作为扣子的扣头或者花扣的扣芯装饰。

④ 米　　珠：用于手工钉珠等细节设计的装饰。

⑤ 珠　　片：用于手工钉珠等细节设计的装饰。

⑥ 包　　扣：后领中开缝的旗袍可用包扣。

⑦ 线　　团：高速缝纫机用线，或手工缝纫用线。

⑧ 手工丝线：用来服装缝制表面部分的套结、手工装饰性花针等。

⑨ 棉　　花：实芯花扣填充用。

⑩ 软扣条：可以做一字扣，也可以辅助打扣时拉住扣头用。

⑪ 硬扣条：用于做花扣。

⑫ 斜条布：取整块布料的45°角裁下，按扣条需要的宽度可依次裁剪成斜条布。

⑬ 衣　　钩：服装上的紧扣件，用在拉链上口、领口暗钩等位置。

⑭ 花扣图案收纳本：用于绘制设计的花扣图形和收纳各种传统花扣。

⑮ 包布按扣：大小襟之间除了盘扣外还可以采用包布的按扣，防止小襟在手臂运动时与大襟咧口及布料之间的移位。

⑯ 金属按扣：大小襟除了盘扣外还有金属按扣，适合轻薄的面料。也是防止小襟在手臂运动时与大襟咧口及布料之间的移位。

⑰ 塑料按扣：大小襟除了盘扣外还有塑料按扣，这种扣子咬合最紧，也是用来防止大小襟在手部运动时咧口，可以抗比较大的拉力。

第二节　手工针法

手针工艺，灵巧方便，在三维空间可操作性强。一针一线，精益求精，既展现民族工艺，又体现旗袍定制匠心之举。旗袍上各细部如领的圆润，肩、袖的角度，下摆的闭合造型，各类扣子的打法、钉法与设计，手针的细腻、灵活，与各种人体起伏吻合度，仍是机器缝制尚不能完成的操作。用于旗袍上的手缝针，一般采用手针11、12号细针，缝线用丝线、细线等。

旗袍上的手针针法通常有：平针、打线钉、缩缝针、暗缲针、三角针、蜂窝针、滚边缲边针、线襻等。

一、平针

也称绗针，有长平针（长绗针）和短平针（短绗针）之分。长平针常用于旗袍的假缝和纽扣的定位；短平针用于衣片归拢部位的缩缝。操作步骤及工艺要点见图2-2-1。

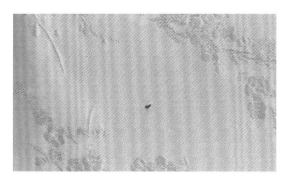

1. 穿好线，从面料背面穿入，并在背面打结。

2. 开始缝制。

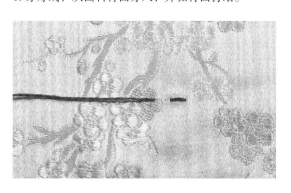

3. 缝合衣片时针距约为0.2cm一针，缝制缩缝针时约为0.5cm一针，缝制扣位记号时可0.8~1cm一针。

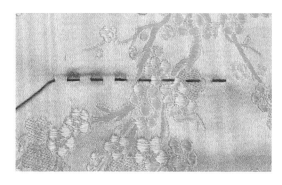

4. 缝制过程中，正反面针距相同，针距必须均匀齐整。

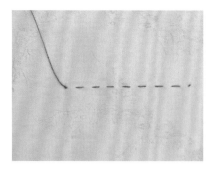 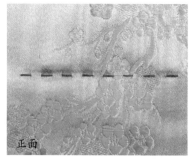 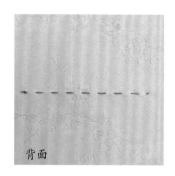

正面 　　　　　　背面

5. 缝完后，针线回到背面打结，剪掉
剩余的线。

6. 完成后的正面和背面的效果。

◎ **图2-2-1** 平针的操作步骤及工艺要点

二、打线钉

打线钉是常用于高级定制服装的工艺。两层布一起做记号时，可以用打线钉的方法在两层裁片
上对称做记号，其优点是不沾污面料。旗袍上的省道位置也常用线钉来定位。打线钉的操作步骤及
工艺要点见图2-2-2。

1. 把两层布放平，纸样放在布上，根据纸样用线钉缝
穿两层布做出省道的记号缝线，不要拉紧，完成后布
料上的尾线要留得长一点再剪断。

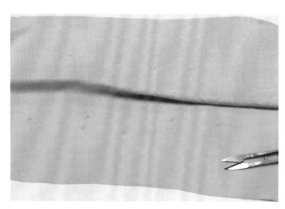

3. 完全打开两片面料，省道位置对称的线钉记号即做
完了。

2. 把布打开，轻轻拉动面布，使线的松量到达面料
之间，再把连接两层布的线剪开，使其两边都有
线钉，长度0.5~1cm（下二图）。

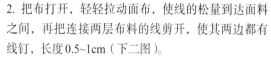

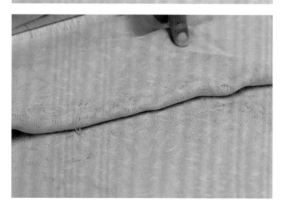

◎ **图2-2-2** 打线钉的操作步骤及工艺要点

三、缩缝针

缩缝针法常用在需要归拢的地方，比如袖山头、大襟靠腋下的弧度处、含胸驼背人的后肩缝等。需要缩缝的部位开始和结束的位置要超过实际需要归拢部位几厘米，两头向中间渐进式抽缩。

缩缝常用短平针（短绗针）的针法。操作步骤及工艺要点见图2-2-3。

1. 打结起针，离边沿线约0.2cm，平针缝制，针距约为0.6cm。

2. 缝制所需要缩缝的距离，两边超出需要缩缝端点几厘米，并留长线头，针距要均匀。

3. 一手按住缝制过的线的一端部位，另一只手抽紧缝线，逐渐调缩到所需的效果。

◎ **图2-2-3** 缩缝针的操作步骤及工艺要点

四、暗缲针

暗缲针顾名思义就是外表看不到针迹的针法，通常用在袖口、底摆等边缘部位的固定，避免面料看到明显的线迹而破坏美观。暗缲针操作步骤及工艺要点见图2-2-4。

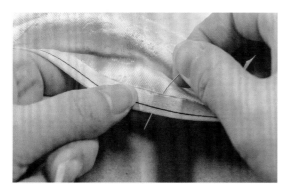

1. 起针，将结藏在折边内。

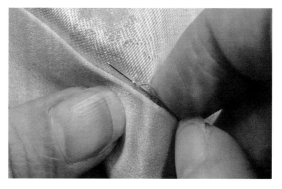

2. 用针挑起大身布料的一根纱线。

3. 挑纱后，把针再穿入折边内，针距约0.5cm。

4. 继续重复上面两个步骤，缝制完后，同样将结藏在折边内。

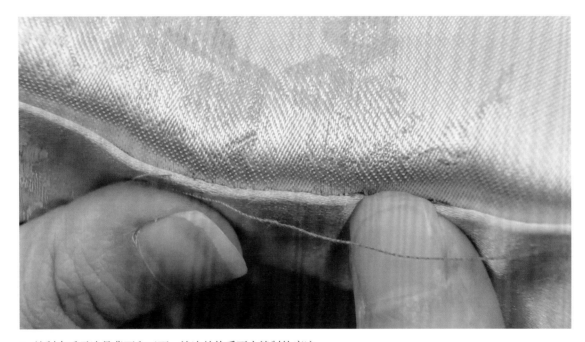

5. 缝制完后无论是背面和正面，缝边处均看不出缝制的痕迹。

正面

背面

6. 完成暗缲边后的正面和背面效果。

◎ **图2-2-4** 暗缲针的操作步骤及工艺要点

五、三角针

三角针常用于旗袍的袖口贴边和底摆贴边的固定，完成后在服装正面没有明显的线迹。三角针（也称三角缭针）有倒三角针和顺三角针之分。倒三角针牢度好，不易脱线；顺三角针固定能力弱，但是不会在拉扯时伤害到面布。

（一）倒三角针

倒三角针的运针顺序是从左到右，三角顶端呈现交叉状态，常用于两折边的固定。操作步骤及工艺要点见图2-2-5。

1. 起针，将结藏于折边内。

2. 用针挑起大身布料的一根纱线。

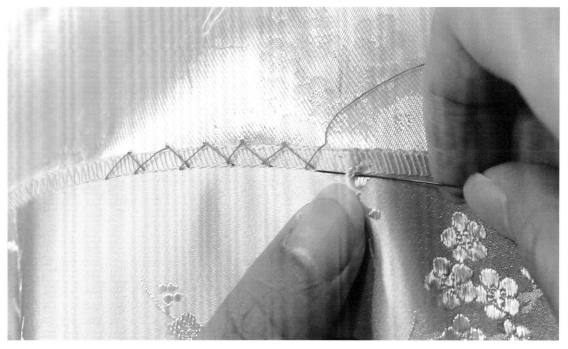

3. 针回到折边的拷边线外挑起3~4根纱，从左往右缝制，呈倒三角状，针距为0.6~0.8cm。

4. 完成后正面和背面的效果。

◎ **图2-2-5** 倒三角针的操作步骤及工艺要点

（二）顺三角针

顺三角针的运针顺序与倒三角针相反，是从右到左，针法外观与倒三角针也不同，三角顶端不交叉，故折边固定力比倒三角针要弱，常用于两折边的固定。操作步骤及工艺要点见图2-2-6。

 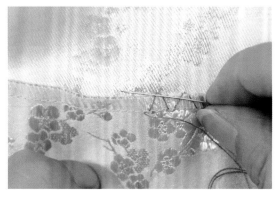

1. 起针时将线头藏在折贴边内。

2. 运针自右到左，挑起大身布料1~2根纱，面料正面不露线迹，三角顶端的缝线不交叉。

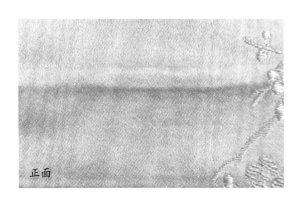 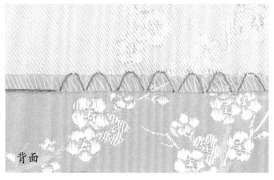

3. 完成后正面和背面的效果。

◎ **图2-2-6** 顺三角针的操作步骤及工艺要点

视频1 蜂窝针的钉法

六、蜂窝针

蜂窝针常用于三折边的折边固定，如袖口、底摆等部位，其固定的牢度要大于倒三角针和顺三角针。操作步骤及工艺要点见图2-2-7及视频1。

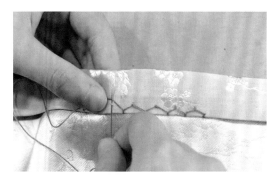

1. 起针，同样将结藏于折边内，从右往左缝制，将线绕一圈挑起折边的一根纱。

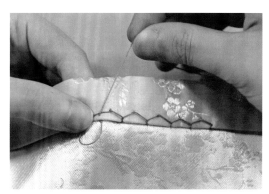

2. 把针从折边的里面穿到外面，距离布边约0.2cm，每个针距0.5~0.6cm，高度约0.4cm。

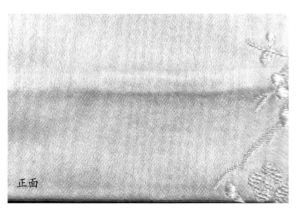

正面

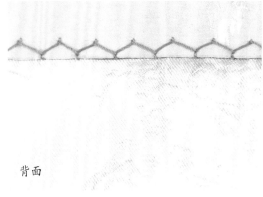

背面

4. 完成后正面和背面的效果。

◎ **图2-2-7** 蜂窝针的操作步骤及工艺要点

七、滚边缲边针

通常用于旗袍滚边的固定，用手工缲边，可以做到正面没有线迹，使得整体更精致。

视频2 领子的滚边

（一）领子及大襟的滚边固定

操作步骤和工艺要点见图2-2-8及视频2。

1. 领子滚边的缲边针法与开衩及下摆滚边的缲边针法相同，操作步骤见下述。要注意的是因为领子是呈弧形的，缲边的时候需用大拇指按压领面，中指和无名指夹着领子，使领子呈窝状后开始运针。

2. 领子圆角处的缲边针距需要紧密一点。

3. 缲好后领子成自然内窝状。

◎ **图2-2-8** 领子和大襟处滚边固定的操作步骤及工艺要点

（二）开衩及下摆的滚边固定

操作步骤及工艺要点见图2-2-9及视频3。

视频3　开衩及下摆的滚边

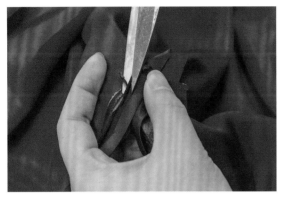

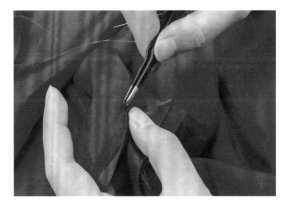

1. 要滚边的缝头过厚，需要修剪去中间的夹层（大身的领圈缝头修剪到0.3cm。）

2. 用镊子把滚边条的末端折成平角。

3. 缝制的方法跟暗缲针相似。先用针挑起大身布料的3~4根纱，然后再与滚边条缝合。

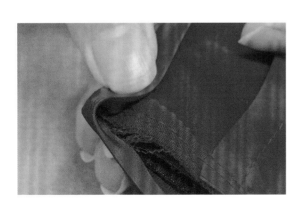

4. 旗袍底摆的转角处，需要用手折出与正面反方向的斜角。

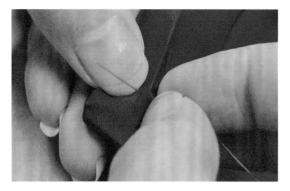

5. 用暗缲针把背面的三角折缝合。

7. 缝合完后，回到背面继续缲边（注意：缲边的线迹不能在正面露出）。

正面

背面

6. 回到正面，用同样的方法把正面的折也缝合。

8. 完成后正面和背面的效果。

◎ **图2-2-9**　开衩及底摆处滚边固定的操作步骤及工艺要点

八、线襻

　　旗袍上的线襻工艺主要起到固定的作用，防止旗袍开衩位置因走动时产生撕口，也用来防止底摆处里布面布开衩位滑脱。线襻打法的工艺不同，外观效果也有差异。线襻打法工艺有三种：开衩位单线襻、双边虫结式线襻和长线襻。

视频4　单线襻的打法

（一）开衩位单线襻

　　单线襻主要用于旗袍的开衩位置固定，操作步骤及工艺要点见图2-2-10及视频4。

1. 起针从背面缝中插入，把结头藏在里面。

2. 针由背面穿回正面，位置在滚边条宽的1/2处。

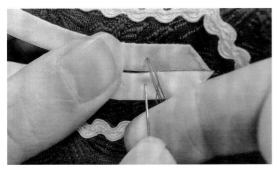

3. 把针从正面对称位置穿入另一边的滚边条中。

4. 如图从背面把针挑起。

5. 把线拉出一个环。

6. 把环套入针里面。

7. 重复以上动作，套环六到七次（视滚边条的宽窄而定）。

8. 确定套结的长度足够两点间的距离后，把针从环里拔出。

  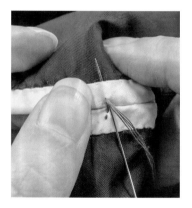

9. 把线抽紧。

10. 把针由正面穿入背面。

11. 把针穿回缝里打结结束。

 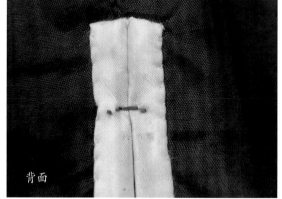

12. 完成后正面和背面的效果。

◎ **图2-2-10 开衩位单线襻的操作步骤及工艺要点**

（二）开衩位双边虫结式线襻

　　双边虫结式线襻主要用于旗袍的开衩位置固定，操作步骤及工艺要点见图2-2-11及视频5。

视频5　虫结式线襻的打法

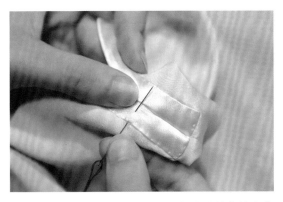

1. 针从滚边背面的线迹中起针，拉动线结使结头藏在里面。

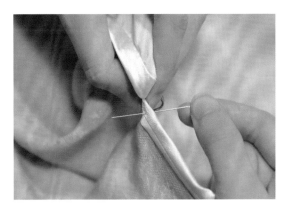

2. 穿针至面布。

3. 在对称一侧下针向前挑至原线迹处出针。

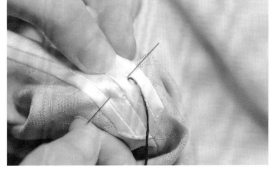

4. 把全部的线一半绕到针的中间，开始准备绕线。

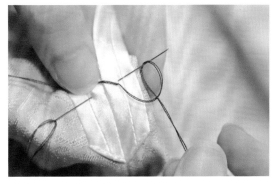

5. 右手绕环后拉紧。

6. 左手绕环后拉紧。

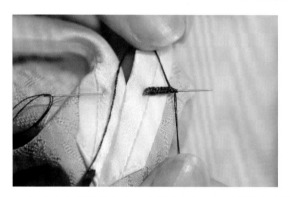

7. 如此左右手重复多次，直到达到自己想要的长度后抽紧左右两边线条，把针拔出。

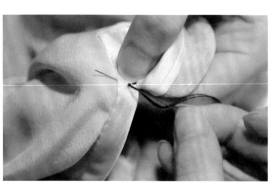

8. 把打好的线襻放在衩位上，确认两边的距离对称。

9. 针穿过另一侧，面里布准备收尾打结。

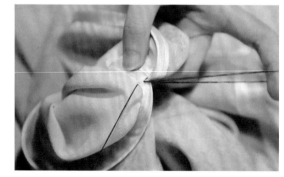

10. 打好结挑进滚边层

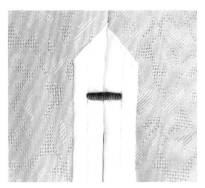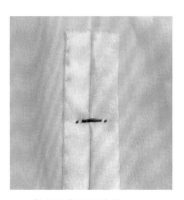

11. 断线，结束线襻。

12. 为了更清晰地看到两股线的走法，用双色做的线襻正面。

13. 完成后背面的效果

◎ **图2-2-11** 开衩位双边虫结式线襻的操作步骤及工艺要点

（三）长线襻

长线襻用途较多，既可以用来固定里外层面料，也可以用做腰带的线襻，线襻长度随需要而定。操作步骤及工艺要点见图2-2-12及视频6。

视频6 裙摆线襻的打法

1. 起针，将线结藏于缝头内。

2. 在原地再回一针，使其不易拉脱。

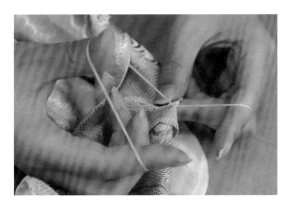

3. 用右手拇指与食指撑出一个环。

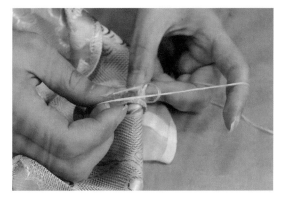

4. 把左手的线，套入右手做出来的环内。

5. 把两个线环反向抽紧。

6. 重复前面2至4的步骤

7. 把线襻打到所需的长度。如果里外层布大小相差不多的话,线襻长度约为5~8cm。

8. 得到所需线襻长度后,把针线穿过最后的环里。

9. 拿起对应的里面侧缝,保证线襻对应的两个点从腰节开始后两个侧缝上下一致。

10. 线襻和里布缝合。

11. 打结后结束。

◎ 图2-2-12 长线襻的操作步骤及工艺要点

第三章

旗袍的经典工艺

第一节　旗袍经典工艺概述

　　旗袍作为中国的国粹之一，除了外形所展示的优美外，其内在的工艺尤为精湛。旗袍特有的扣子极具中国特色；旗袍的滚边、镶边和如意（图3-1-1）是除了扣子以外的重要组成部分和常用装饰手法。滚边、镶边和如意工艺手法多样，颜色既可以选择协调的同色系配色，也可以用撞色配色，增强视觉的反差效果。色彩素雅的旗袍通过滚边的装饰，增添了优雅含蓄的韵致；色彩明快的旗袍通过滚边等工艺更显精致和华丽。

◎ **图3-1-1　各种类型边线装饰**

　　滚边、镶边和如意在旗袍中的运用没有固定的模式，可以按照每位客户的喜好和设计师的造型需要进行改变。使用的部位也很灵活，可用于门襟、裙摆、开衩、领边缘、领围、袖窿圈、袖口及现代旗袍的一些造型分割线等处。

　　因为滚边和镶边都是在旗袍半成品过程中进行缝制，而且需要有一点拉伸性，所以配好色的滚边、镶边面料需要事先预缩和裁剪好斜条，虽有滚边、镶边制作步骤不同，但都需要达到足够柔软、与大身贴合不吊紧、不起皱、不扭曲、粗细均匀、转角清晰的制作效果，否则不但没有起到装饰作用，反而破坏了旗袍表面的平整感。

一、旗袍滚边、镶边和如意的工艺类别

滚边、镶边在旗袍上有不同的工艺表现形式，有单镶边、单滚边、双滚边、间隔滚边、滚镶边、双滚边夹镶边、滚镶边加花边等，不同成品宽度滚边和镶边需要用不同宽度的斜条制作；如意贴边的形状和宽度可根据不同需求进行设计，具体见表3-1-1。

表3-1-1　常见滚边、镶边和如意的工艺类别

序号	工艺类别	成品宽度	斜条宽度	备注及说明
1	镶边	0.3cm	约2.5cm+0.3cm棉绳	内裹直径0.3cm粗细的棉绳
2	滚边	0.6cm	约3.2cm	折烫后成品0.6cm宽，沿边滚边
3	滚边	0.8cm	约3.6cm	折烫后成品0.8cm宽，沿边滚边
4	双色滚边	0.4cm+0.4cm	约2.8cm+约1.8cm	包大身的外圈色斜条宽约2.8cm，内圈色斜条宽约1.8cm
5	三色滚边	0.8cm+0.8cm+0.8cm	约3.6cm+约2.8cm+约2.8cm	包大身的最外圈色滚边斜条约3.6cm，其余里圈两色斜条宽各约2.8cm
6	间隔滚边（一滚一宕）	1.8cm+空开间隔0.6cm+0.6cm	4cm+约2cm+约2cm	宽滚边斜条宽约4cm，中间空开0.6cm，窄滚（宕）条斜条宽约2cm
7	间隔滚边（一滚一宕）	1.2cm+空开间隔0.6cm+0.6cm	约3.5cm+2cm+2cm	包大身宽滚边斜条宽约3.5cm，中间空开0.6cm，窄滚（宕）条斜条宽约2cm
8	滚镶边	0.6cm+0.2cm	约3.2cm+约2.5cm	滚边斜条宽约3.2cm，镶边斜条宽约2.5cm用来裹直径0.2cm粗细的棉绳
9	滚镶边	0.8cm+0.2cm	约3.6cm+约2.5cm	滚边斜条宽约3.6cm的，镶边斜条宽约2.5cm，直径0.2cm粗细的棉绳
10	双滚边夹镶边	0.4cm+0.2cm+0.4cm	约2.8cm+2.5cm和0.2cm棉绳+约2cm	大身滚边斜条宽约2.8cm，中间夹直径0.2cm的棉绳用的镶边斜条宽2.5cm，另一边滚边斜条宽约2cm
11	滚镶边+花边	0.6cm+0.2cm+花边	约3.2cm+约2.5cm	滚边斜条宽约3.2cm，镶边斜条宽约2.5cm和直径0.2cm的棉绳，按设计准备好所需的花边长度
12	如意贴边	如意贴边的形状	贴边宽度按如意形状裁剪好	如意贴边的形状可根据不同需求设计

◎ 图3-1-2　斜条裁剪的步骤和要求

二、斜条的制作（视频7）

视频7　斜条的制作

1. 斜条的裁剪

步骤及要求见图3-1-2。

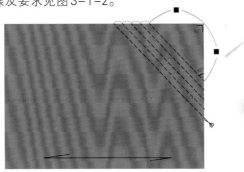

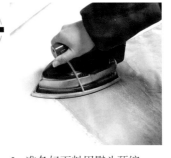

1. 斜条要求按45°丝缕裁剪。

2. 准备好面料用熨斗预缩。

3. 背面用配色的真丝衬黏合、烫平。

4. 通过放码尺上的量角器找到布边的45°角，按所需斜条宽度画出等距线条。

5. 均匀裁开。

◎ **图3-1-2　斜条裁剪的步骤和要求**

2. 斜条的拼接

旗袍制作时，由于整身滚边需要一定长度的斜条，如碰到斜条长度不够，则需拼接斜条增加长度。具体方法见图3-1-3。

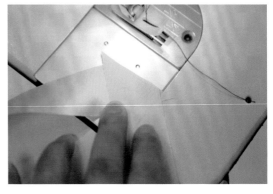

1. 修剪斜条，要求拼接处的两边互相平行，呈45°角。

2. 两斜条正面相对，缝头对齐，留出两个面积相等的多余三角，车缝0.5~0.6cm。

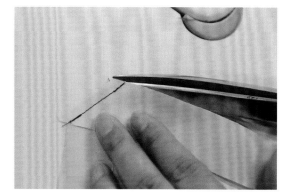

3. 对准斜边绲线，车缝起止两端都要回车，防止滑脱；把两端多余的两个小三角剪掉，修剪平整。

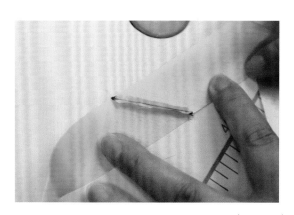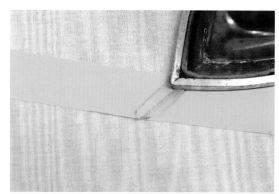

4. 在反面，把缝头分缝烫开。

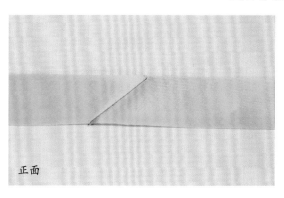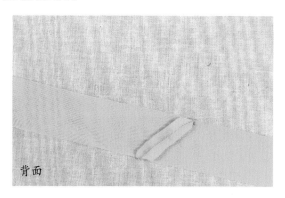

5. 拼接完成后斜条的正面和背面效果。

◎ **图3-1-3** 斜条的拼接

三、 滚边工艺和镶边工艺的区别

滚边和镶边都是服装边缘的一种装饰工艺。滚边工艺是包住服装裁片的边缘，使边缘的毛边不外露；而镶边工艺则需要另一层布与之拼接。由于制作方法的不同，衣片裁片缝头设计也不同，镶边工艺需留缝头，滚边工艺不需留缝头，按净边缝制。

图3-1-4是领子、门襟滚边工艺放缝样板图；图3-1-5是领子、门襟镶边工艺放缝样板图。

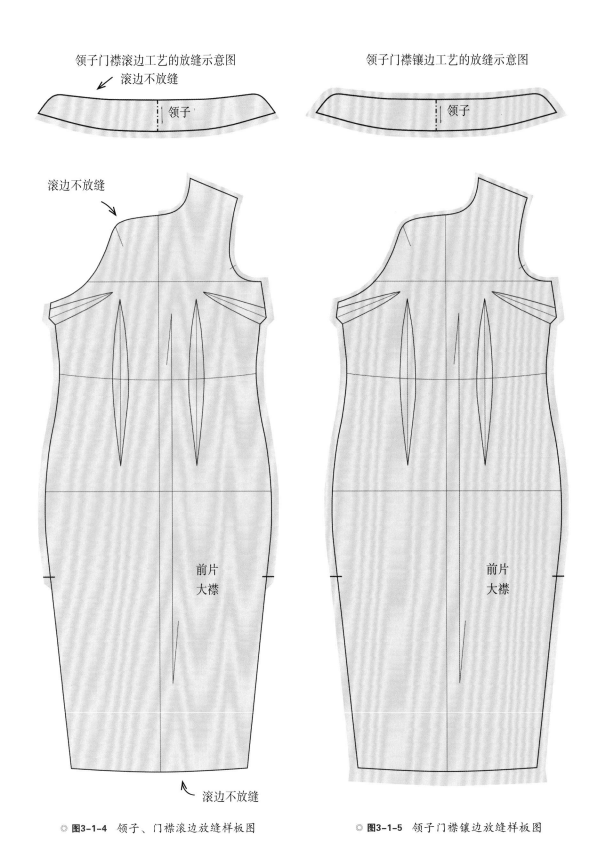

◎ 图3-1-4 领子、门襟滚边放缝样板图   ◎ 图3-1-5 领子门襟镶边放缝样板图

第二节　旗袍镶边工艺详解

一、镶边工艺类别

镶边和滚边都是服装边缘或拼接处的一种装饰工艺，镶边所用面料多与大身对比配色，使旗袍的轮廓分明，并兼具艺术气息。镶边工艺常与滚边工艺相结合，达到宽窄和谐，饱满平服的效果。镶边不仅起到装饰效果，还增加了旗袍的耐磨性，增强实用性。

图3-2-1是一款领上、领底都镶边，镶边宽度为0.3cm的外观效果；图3-2-2是一款仅在领上镶边，镶边宽度为0.3cm的外观效果。

◎ **图3-2-1**　领上、领底0.3cm镶边

◎ **图3-2-2**　领上0.3cm镶边

二、镶边工艺详解

以一件粉色窄幅（幅宽36cm）的正绢禅面料旗袍为例（图3-2-3），详细介绍镶边工艺的具体操作步骤及工艺技巧。

旗袍镶边的部位有：门襟、领子、开衩、袖口等。制作部位不同，制作方法也不同（视频8、视频9）。以下分两部分来讲解。

◎ **图3-2-3**　粉色旗袍镶边工艺效果图

视频8　镶边工艺

视频9　镶边条的制作

（一）领上和领底均镶边的制作工艺（视频10）

1. 镶边条的制作（图3-2-4）

视频10 滚边条的制作

1. 准备好宽约2.5cm的斜条和直径0.3cm的棉绳。

2. 把棉绳放置在斜条的中间。

3. 用单边压脚车缝镶边条。

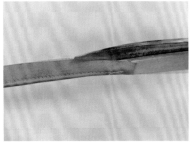

4. 修剪镶边条，留1cm缝头。

5. 修剪好的一件衣服所需要的镶边条。

◎ **图3-2-4** 镶边条的制作

2. 扣烫领子（图3-2-5）

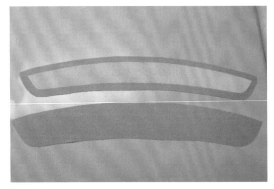

1. 领面和领里都烫好真丝衬，领面再烫上按净样裁出的旗袍领衬，丝缕对准，四周均匀留出1cm的缝头。

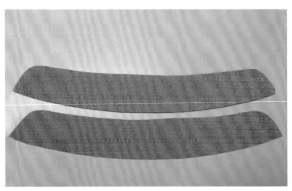

2. 领里和领面的正面图

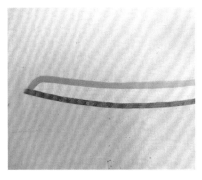 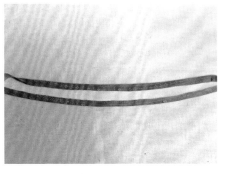 

3. 领面按净样衬，在领圈下缘扣烫　4. 领面上缘按净样衬扣烫一圈。　　5. 领头扣烫放大图。

1cm。

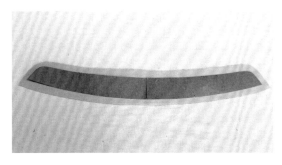 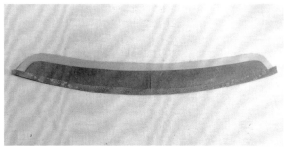

6. 领里按净样版扣烫，只需把领底的1cm扣烫好。

 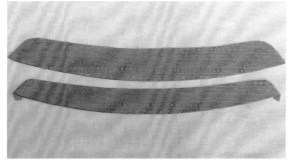

7. 扣烫完成后的领里和领面。

◎ **图3-2-5　扣烫领子**

3. 领面与镶边条缝合（图3-2-6）

 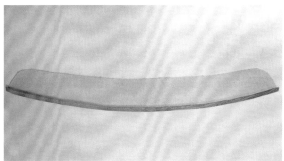

1. 修剪领里的缝头，剩约0.6cm。

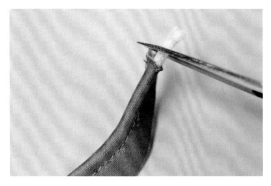 

2. 取一段足够领圈到领子一周长度的镶边条，缩紧布条的头部，把棉绳抽出来约0.8cm修掉。如右图缩进的部分作为与领子缝合部分的缝头。

 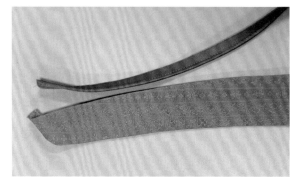

3. 准备好领里、领面和镶边条。先将领面与镶边条缝合。

 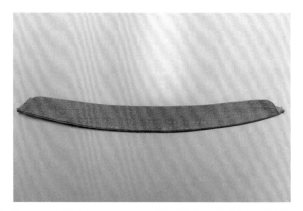

4. 换单边压脚，翻开领面扣烫的缝头，镶边条放在折印的一侧用压脚压住，按0.3cm的棉绳条压线对准领子的扣烫线车缝上去。右图是车缝好镶边条的领面。

◎ **图3-2-6** 领面与镶边条缝合

4. 绱领面（图3-2-7）

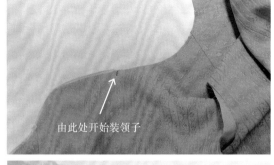

1. 把领圈的面里布先拼合，从小襟一端开始绱线，缝到距离前中装领处约4cm回车（方便后续装领子用）。

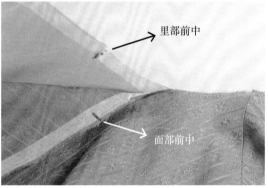

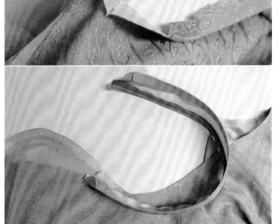

2. 前中装领处做好记号，剪一个刀口。前中剪口部位用记号线标出。

3. 将衣片的里和面分开，领面的前中边缘对准前中装领处（注意领头的一部分与大身面布独立的缝头缝合）。

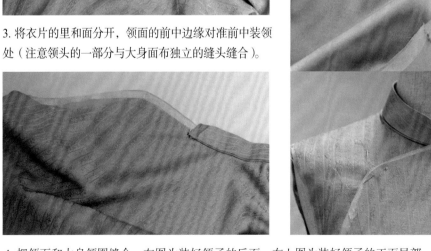

4. 把领面和大身领圈缝合。左图为装好领子的反面，右上图为装好领子的正面局部，右图为装好领面的立面。

◎ **图3-2-7** 绱领面

5. 门襟和领面上口镶边（图3-2-8）

1.接下来准备门襟和领面上口镶边（镶条的准备同上，把棉绳头部剪去约0.8cm。），头部去除棉绳后的细节如图。

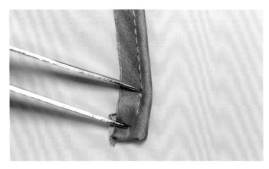 

2.把没有棉绳的镶边条顶端用镊子向内折光，形成一个光洁的顶端。

3.把折光的镶边条与侧缝拉链边沿垂直抵平，与大襟缝头对齐。

4.换单边压脚，镶边条在上，大襟面布在下，把镶边条车缝在面布上（注意在门襟拐弯大弧度处缉线的时候，镶边条要比大襟松一点量，以确保镶边条不扯紧面布）。

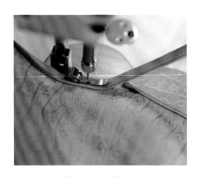  

5.当镶边条车到大身与领子交汇处的前中止口点时，把镶边条拉起，再沿着领面的弧线顺势拐弯缉线，并且，为了使镶边条在领头圆角处转弯圆顺不紧绷，需要在弯角处打几个刀口。

6. 过弯角后继续车缝。

7. 另一个领角处理方式相同，车缝到领底，镶边条留出约1cm后剪断。

8. 把棉绳抽掉0.8cm修剪掉。保持领角处不会因为镶边条重合而过于厚重不平。将领和镶边条缝合的端口部位修剪掉一个斜角。

9. 修剪好的领头反面图

◎ **图3-2-8** 门襟和领面上口镶边

6. 门襟面、里布缝合（图3-2-9）

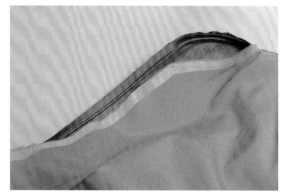

1. 将衣服翻到反面，把衣身大襟面里布缝合。

2. 面布前中领止口处打刀眼。

3. 前中止口展示图。

4. 把打好剪口的面布缝头掏出对齐，准备车缝。

5. 换单边压脚，靠紧镶边条边缘缉线1cm。缉线至大襟边缘回车固定。

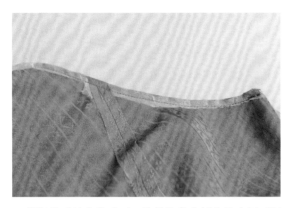

6. 缉好线后的大襟反面。此处的拼合部位是窄幅面料的拼合线。

7. 为了使布料翻到正面时，大襟弧度不紧绷，需把缝头修剩至0.5cm左右。

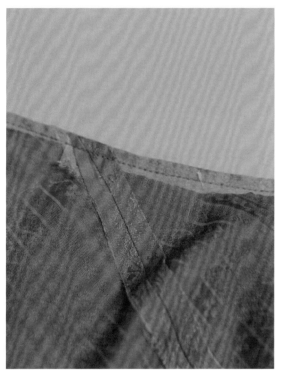

8. 修剪整齐的细节图，如果面料较厚，将面里布缝头夹缝之间的镶边条缝头再修窄到0.3cm。

9. 把面料翻到正面整烫。整烫时镶边条露出要均匀。注意：里布与镶边条保持均匀距离，不能反吐。

◎ 图3-2-9　门襟面、里布缝合

7. 绱领里（图3-2-10）

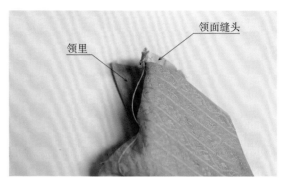

领面缝头
领里

1. 准备好扣烫好的领里，开始装领里。　　　　2. 和领面正面相对缝合领上一圈。

3. 领面在上，剥开已经车好镶边条的领面缝头，对准领里1cm缝头，把领面和领里缝合起来。为了使做好的领子略向内弧，缉线的时候领里带紧，领面送一点。注意：车好线的领子，领里紧领面松。

4. 把领上缝头修高低缝，领面缝头留0.6cm，领里缝头留0.4~0.5cm。

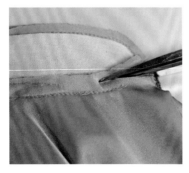

5. 把领圈与领子缝合的缝头修成高低缝。朝领面的一面0.6cm，朝领里的一面0.4cm。注意头部多修掉一点。

6. 修好的领圈缝头

7. 把领里翻到正面整烫。为保持衣身和衣领立体的弧度，整烫时放置在烫凳上熨烫。

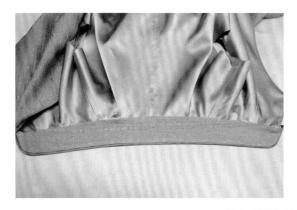 

8. 完成小襟和领子的镶边条装饰

◎ **图3-2-10**　缲领里

8. 领里的领底部分手工固定（图3-2-11）

1. 人台检查完毕，脱下衣服开始做领子的手工部分。从小襟的一端开始。

2. 用镊子把多余的镶边条尾端塞到领子里。

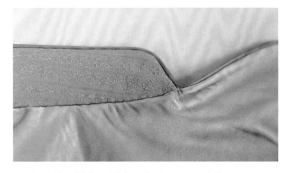

4. 完成手工固定。要求针脚均匀，不露线。

3. 用暗缲针的方法把领里缝合。缲边时候注意左手握领子向内窝，使领子在完工后不会外翻。

◎ **图3-2-11** 领里的领底部分手工固定

（二）下摆与开衩连续镶边的制作工艺

1. 面布开衩镶边（图3-2-12）

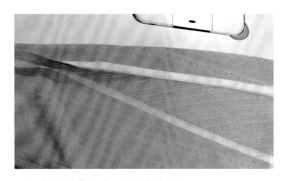

1. 将侧缝缝合至旗袍的开衩位置。

2. 换单边压脚，镶边条距离开衩口上约2.5cm处开始车缝。定制旗袍的侧缝留有1.5cm缝头，注意缝合时镶边条沿缝头边向内缩进0.5cm。

3. 车缝到下摆转角处需打一个深刀口（距离镶边条车线0.2cm的地方），避免镶边条在拐角时牵牢。

4. 转一个直角后再沿着侧缝继续缉线，如图所示为拐角的处理。

5. 继续车缝完开衩和底摆的镶边条。

◎ **图3-2-12**　面布开衩镶边

2. 装里布（图3-2-13）

1. 里布底摆卷边约1cm。

2. 开始缝合面里布，里布需留约1cm的松量。

3. 里布在下、面布在上缝合里面布。起始点要超过衩口位置1cm，回车，保证衩口的牢度。

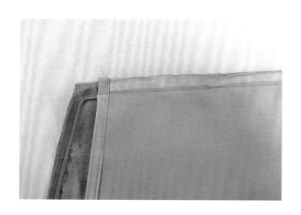

4. 里布缝合完毕，底边处里布短于面布约1.2cm。

5. 车缝另一边的面里布。

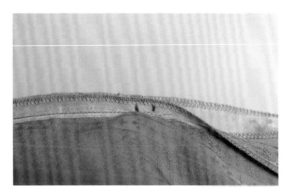

6. 车缝到旗袍开衩口上约1cm处回车。如右图的记号。

◎ **图3-2-13** 装里布

3. 缝合下摆贴边（图3-2-14）

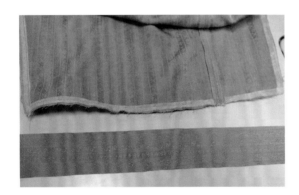

1. 准备好宽约5cm的下摆贴边。

3. 车缝完之后把底摆直角处的面布和贴边布修剪两刀成斜角，距离转角处缝头修到剩0.2~0.3cm，其余缝头修到剩约0.5cm。

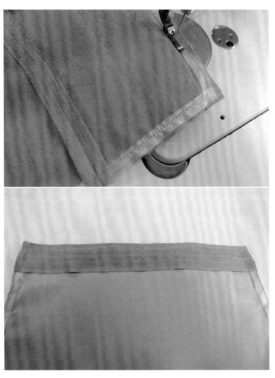

2. 把下摆贴边车缝在旗袍底摆处。缉线时缝头对齐，靠紧镶边条的边缘。

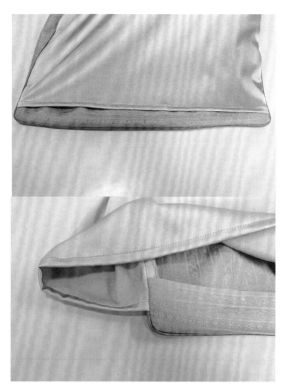

三、完成后的整件旗袍

完成后的整件旗袍镶边均匀，线条流畅，具有简洁明快的风格，见图3-2-15。

4. 翻出底摆贴边并整烫。

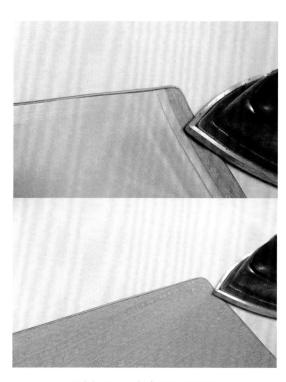

5. 对底摆边和开衩都进行吸风整烫。

◎ **图3-2-14** 缝合底摆贴边

◎ **图3-2-15** 完成后的整件旗袍

第三节　旗袍单滚边工艺详解

滚边工艺在外观上看只有一条滚边条包住旗袍的外边沿，宽度可宽可窄，常见的有0.6、0.8、1.0cm不等的滚边宽度（图3-3-1），滚边表面没有线迹，滚边内一圈手工暗针。

领上：0.6cm滚边

领子上＋领圈口：0.6cm滚边

◎ **图3-3-1**　单滚边工艺外观效果

旗袍单滚边的工艺要点，以图3-3-2所示的红色羊毛格子单滚边全开襟旗袍的领、门襟、开衩及底摆滚边为例。该款旗袍的滚边宽0.6cm，领采用领上和领下均为单滚边的工艺。领子的滚边有两种工艺处理方法，以下分步骤进行工艺详解。

◎　**图3-3-2**　旗袍0.6cm宽单滚边效果图

一、方法一（视频9）

　　滚边部位：领面上口和衣片领圈口（适合领子不高旗袍款式，这种滚边如果全在领子上，领子外露的本料太少，会显得领子部位拥挤不美观）。

（一）滚边斜条制作准备（图3-3-3）

1. 准备宽约3.2cm的咖色撞色斜条。

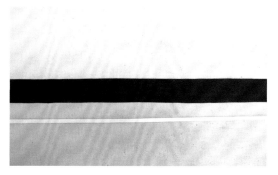

2. 宽0.6cm的硬纸样板条用作扣烫辅助。

3. 用熨斗把滚边条一侧先扣烫0.6cm，接着再次向内扣烫0.6cm。

4. 扣烫完滚边条的另一侧需要修剪整齐成1cm的缝份。

5. 滚边条准备完毕。

◎　**图3-3-3**　滚边斜条制作准备

（二）门襟和领圈口一周滚边（图3-3-4）

1. 先将滚边条与面料正面相对。

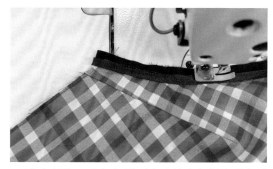

2. 滚边条的一边与门襟对齐车缝在扣烫好的折印上，即距边0.6cm处。

3. 车缝到门襟圆角处时用镊子推送一下面料，使转角处不吊紧，更加圆顺。

4. 滚边条先车缝到前中绱领止口处，把需要沿着领圈1cm车缝的轨迹用高温消色笔均匀画好。画法示意图如下。

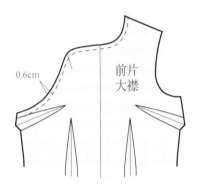

0.6cm

前片
大襟

5. 红色标注线为滚边缉线的轨迹示意图。与净边相距0.6cm。

6. 滚边条沿领圈画好的线开始缉线。滚边条压线的部位为0.6cm的烫折印子。均匀缉线领口一周。

7. 借用烫台烫臂，把滚边条翻至正面沿领圈口整烫。前后肩缝接缝转角处用熨斗拔拉平整。

8. 整烫好的领圈口图，注意缉线要平服，一周圆顺。

◎ **图3-3-4** 大襟和领圈口一周滚边

（三）整理、修剪门襟和领圈口一周的滚边（图3-3-5）

1. 里布朝上，把前一步骤车好的滚边条距离领圈口线0.6cm的地方缉线固定。

2. 在门襟前中装领子止口处打一个刀口。

3. 刀口剪至离车线处0.1~0.2cm处。

4. 将滚边条宽出来的量沿着大身及领圈的1cm缝份边缘线修剪整齐。

◎ **图3-3-5**　整理、修剪门襟和领圈口一周的滚边

（四）领面滚边工艺（图3-3-6）

1. 准备扣烫好的滚边条和领子。

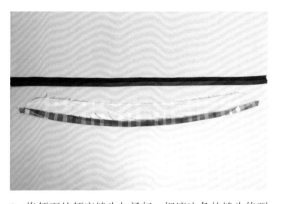

2. 将领面的领底缝头扣烫好，把滚边条的缝头修到0.6cm宽。

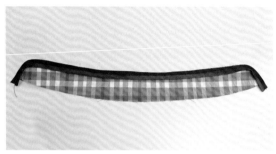

3. 领面的滚边方法，与门襟和领圈口滚边相同，距领边0.6cm，把滚边条的0.6cm折印痕线车缝在领子上。注意：领角的处理也是需要用镊子推送一点量，防止领面被扯紧。

4. 滚好边的领面造型图。

◎ **图3-3-6** 领面滚边工艺

（五）缝合领面和领圈口（图3-3-7）

1. 缝合前的准备。

2. 将领面与大身正面相对，端口对准前中剪口，缝头对齐绱线，面布送着一起绱线。

◎ **图3-3-7** 缝合领面和领圈口

（六）绱领子、修剪领子滚边条（图3-3-8）

1. 把领面上的领角处修剪成斜角。

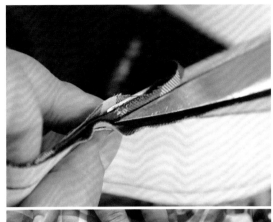

2. 领面领里和领圈修成高低缝。朝领面的缝头修剩0.6cm，朝领里的缝头修剩0.4cm。再将领里的底缝也缝合。

3. 拨开领面的滚边条缝头，把领面领里缝合。绱线时领里要带紧车，使完成后的领面自然向内窝起。

4. 把领子和滚边条的缝头再修剪齐整。

5. 完成滚边的半成品图。

◎ **图3-3-8**　绱领子、修剪领子滚边条

（七）领子滚边内侧手工操作（图3-3-9）

1. 把领圈的缝头向里布折好。

2. 把滚边条里面的缝头修剪掉一些。

3. 将领子的滚边缝头折好包住领角最底端。

4. 用镊子把前中的滚边条往里折光，用暗针缝的方法手缝固定。

5. 领子的手工部分参照滚边缲边法的做法。

6. 小襟的一端也是折边暗缲，领子的另一端手工做法也相同，先把要滚进去多余部分的缝头修剪掉。借助镊子把缝头往里折光用暗缲缝合。

7. 把整个领子缲完，针脚要均匀。

8. 完成手工暗缲的领角正面细节

◎ **图3-3-9** 领子滚边内侧手工操作

二、方法二

滚边部位：领子的上口和下口（领子较高时，滚边布可以分别滚在领子的上口和下口，制作上相对简便）。

（一）领面下口滚边（图3-3-10，滚边斜条制作准备，同方法前）

 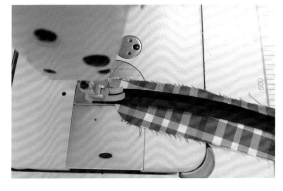

1. 把领面的领底缝头按净样扣烫好，同时准备好滚边条。

2. 先把滚边条车缝在领面下口。滚边条沿着净线边缘0.6cm，按照滚边条扣烫好的折印绲线。

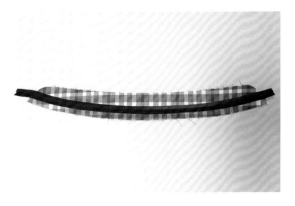 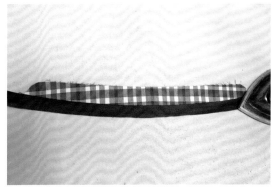

3. 完成绲线0.6cm。注意滚边布两头略留出1cm，再把滚边布展开在正面压烫一下。

 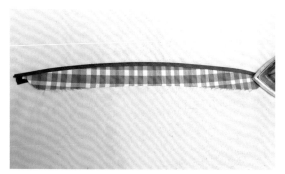

4. 翻到反面，把滚边布的缝头与领面下口缝头一起沿着领子的净样线折烫。烫完后再从正面烫实，注意宽窄要保持一致。

5. 滚边条与领面缝头修剪成相同的1cm。

6. 把多余的滚边条修掉，修剩距离领子边沿约2cm。

◎ **图3-3-10** 领面下口滚边

（二）绱领子（图3-3-11）

1. 开始装领子，将领面与大身正面相对，端口对准前中剪口，缝头对齐绲线，把领子和大身领圈缝合。

2. 装完领子后捋一下领圈，观察领圈周围的面料是否左右对称 、服贴。通常绱领子最容易出现的是大身的领圈缝头随着带有硬衬的领子在缉线时两层布料走速不一样而造成大身面布扯紧，起针的一边服贴，结束部位的一边起皱的问题。

3. 装完领面后，把领里也装上。

4. 把领面和领里上口缝合。沿着领子上沿缉线0.1~0.2cm。

5. 装领里时领里上口带紧缉线，遵循内弧比外弧要适当减小的原则，使领里与领面贴合。

◎ **图3-3-11**　绱领子

（三）领子滚边（图3-3-12）

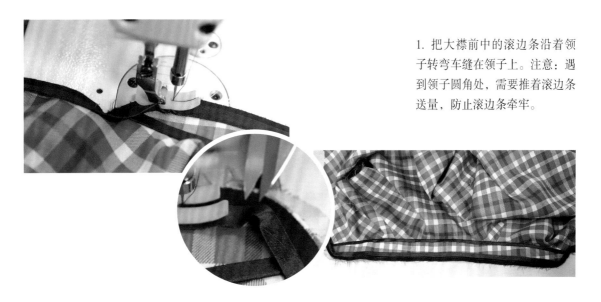

1. 把大襟前中的滚边条沿着领子转弯车缝在领子上。注意：遇到领子圆角处，需要推着滚边条送量，防止滚边条牵牢。

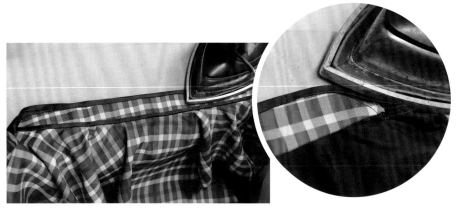

2. 用滚边包住领子外沿在烫凳上整烫。注意领角弧度的饱满和平滑。

3. 缝制完成后的领部、门襟部位图。

◎ **图3-3-12** 领子滚边

（四）领子滚边内侧手工操作（图3-3-13）

1. 小襟和侧面的滚边条缝制方法与上面相同。

2. 转角处需手工缝合。

3. 转角处把缝头修剪剩约0.3cm，用镊子把角折好，在正面用暗针缝合。

4. 回到背面，用镊子折出三角，同样用暗针缝合。

5. 完成的转角处。

◎ **图3-3-13** 领子滚边内侧手工操作

三、开衩与底摆的单滚边工艺

旗袍的开衩与底摆需进行连续滚边，开衩两侧顶端和底摆转折处的工艺处理是其难点，具体制作方法见图3-3-14。

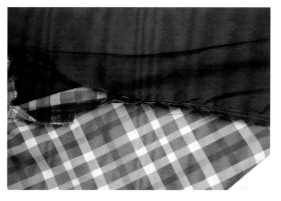

1. 将旗袍的侧缝缝合到距离衩口2cm的地方。

2. 里布和面布缝合，注意靠近衩口的里布、面布相距4~5cm不缝合。里布要有松量，不让面布起吊。

3. 准备好所需的滚边条，在衩口上端口处开始车缝。滚边条在衩口预留2~3cm如上图（此处是预留用来做手工包边的），滚边先与面布缉线，与里、面布缝合的地方开始沿底摆净线均匀缉线，到离底摆0.6cm的地方回车。

4. 缉线的反面示意图，注意4~5cm这一小段是跟面布单层车，接着是跟里布、面布一起缉线的。

5. 均匀缉线，到离底摆0.6cm的地方回车，右图是细节图，距底边0.6cm处回车。

6. 滚边条在直角转角时，转折处需要折出一个直角叠量来，以保证翻到正面时可以包住整个底摆。

7. 折角的示意图①。

8. 折角的示意图②。

9. 同样方法滚好两片下摆。

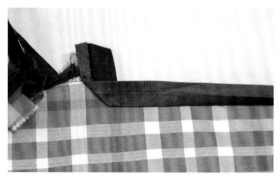

10. 将衩子一边向内折出三角形。

11. 再将三角翻到正面。

12. 开衩的两边做法相同，两边折出三角。完成后如图。

13. 分开两片，一片在上一片在下，正面相对。

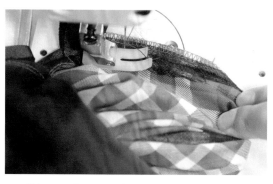

14. 两个折角相对，缝合的折角高度一致。

15. 将衩口上方没有缝合那部分面布缝合固定。

16. 将缝合好的衩口正面两个三角拼合在一起成一个宝剑头的造型。

17. 带小襟的另一边做法相同，先折出三角缝合。

18. 小襟在下，大身面布在上，面布相对，从下（小襟开始处）往上车固定开衩的部位。

19. 完成后的小襟部位开衩口。

◎ 图3-3-14　开衩与下摆的单滚边工艺

四、成衣效果

最后完成缲边、整烫、钉扣等手工。旗袍单滚边工艺，不仅可以起到装饰、清晰刻画轮廓的作用，还可以勾勒旗袍的曲线美。成衣效果见图3-3-15。

◎ **图3-3-15** 单滚边工艺旗袍完成图

领上＋领底：双道0.4cm滚边

领上：0.3m＋0.5cm滚边

◎ **图3-4-1** 旗袍双滚边工艺效果图

本节以图3-4-2的双滚边旗袍为例，介绍0.4cm＋0.4cm双滚边的具体制作工艺步骤和制作要点（视频11、视频12）。

一、 滚边条的制作（图3-4-3）

2. 把两色斜条拼合，缝头为0.5cm，修剪缝头剩0.4cm，分缝烫开。

3. 把蓝色的斜条修剩约1.8cm，紫色的斜条修剩约1.3cm。

第四节　旗袍双滚边工艺详解

双滚边是指由两条异色滚边布组成的一种装饰工艺形式（图3-4-1），滚边的宽度根据设计可以有多种不同的选择。在旗袍上使用双滚边工艺，富有节奏感，轮廓清醒，更具工艺美感。双滚边在制作工艺上与单滚边相近，但因为双色滚边，所以两者的制作工艺又有所不同。

◎ **图3-4-2** 双滚边工艺旗袍实例

1. 准备好所需的斜条，一条宽约2.8cm、另一条宽约1.8cm。

视频11 双色滚边车　　　视频12 双色滚边的制作
缝技巧

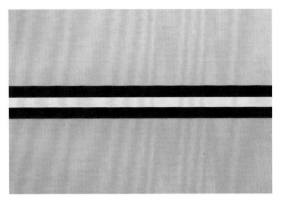

4. 借助0.8cm的硬纸条进行包烫，把硬纸条刚好放在分缝烫开的缝头上。

5. 把紫色的斜条沿着硬纸条扣烫进去0.8cm。

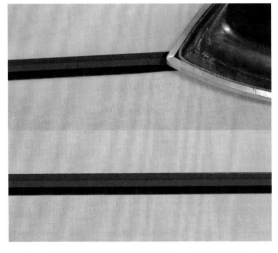

6. 把蓝色的斜条沿着硬纸条的另一边进行包烫，扣烫进去约1.4cm。

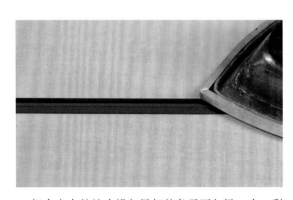

7. 把多出来的缝头沿扣烫好的条子再包烫一次，剩下约0.5cm。

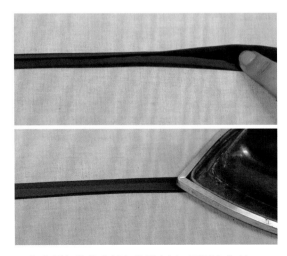

8. 把包烫好的缝头折入条子中间，再压实定型。

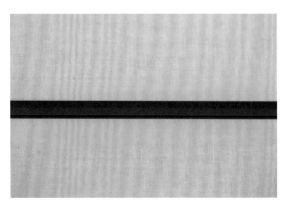

9. 烫好的条子。

◎ **图3-4-3** 滚边条的制作

二、领面双滚边（图3-4-4、视频13）

视频13　双色边领子扣烫

1. 双滚边比较宽，且有接缝，不宜在缉线时任意转弯，需事先按领净样扣烫好滚边条。

3. 滚边条车缝在领面后的效果。

4. 把滚边条包好领子外弧，整烫定型，观察是否造型对称、线条圆顺。

2. 把滚边条车缝到扣烫好的领面上，两边多留出约1cm的余量。如图：注意领面滚边时滚边条一定要含有松量，可用镊子推着滚边条缉线，以免滚边条带紧领面使完成后的领面吊紧起皱。

◎ **图3-4-4** 领面滚边

三、绱领子（图3-4-5、视频14、视频15）

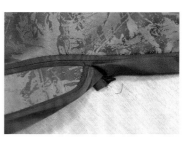

1. 绱领子参照本章第三节"旗袍单滚边制作方法一"把领圈大襟做好滚边，再绱领子（此过程暂略）。

2. 双滚边比单滚边宽，制作时也容易出现大身面料起皱不平的问题，在做手工和整烫前把衣服套在人台上观察包边的均匀度，查看在制作缉线过程中有否把领圈和门襟扯紧的情况。

3. 准备下一步手工缲边。

◎ **图3-4-5** 绱领子

视频14　双色边门襟、领圈的熨烫后缝头固定的技巧

视频15　双色滚边的做衩方法

四、手工暗针固定滚边内侧（图3-4-6）

1. 先手工固定领头滚边，把滚边条里面两个颜色相拼的缝头修剪掉至0.1cm（大身和领头拼接处）。

3. 领子的手工部分参照本章第三节滚边缲边法的工艺。

4. 手工完成后的领子局部图。

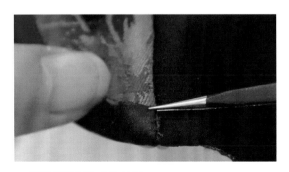

6. 借助镊子把缝头往里折。

2. 用镊子把滚边条往里折光，用暗针缝的方法缝合（缝合后的滚边条转角处刚好呈直角）。

5. 领子另一端的手工做法，同样把折角时多余的缝头修剪掉。

7. 用暗针缝合（注意：小襟上口的领子滚边条缝好后与领底齐平）。

8. 完成后的领子正、背面局部放大图（左图是正面，右图是背面）。

◎ **图3-4-6** 手工暗针固定滚边内侧

五、大襟装拉链端口处的滚边手工操作方法（图3-4-7）

1, 将滚边时预先留出的双色边修剪到0.6cm长。　　　2. 把预留的0.6cm的滚边条缝头内部修剪掉。

3. 修剪至呈三角。　　　　4. 用镊子使滚边条包住拉链。　　　5. 用暗缲缝的方法在反面缲住里布，完成整件手工。

6. 完成后的正背面局部放大图（左图是正面，右图是背面）。

◎ **图3-4-7** 大襟装拉链端口处的滚边手工操作

第五节　旗袍三滚边工艺详解

　　三滚边在旗袍上的运用使得滚边处的色彩更绚丽，工艺更复杂。三滚边适合设计在一些素色面料旗袍上。相拼的三个颜色的滚条从头到尾粗细要保持均匀，且在滚边车缝时不使所滚的面布吃紧起吊。三滚边制作难度较大，其技法要点是先将两色滚条组合缝制在大身或领子上，再将最后一色滚条缝上去。这种滚边法需要制作者精细的计算和操作。

　　图3-5-1是一件土黄手工染麻料长旗袍，领子、大襟和侧开口均采用0.8cm+0.8c+0.8cm三滚边做法，本节以此为例作，分成大襟及领子、开衩及下摆两部分讲解具体的工艺步骤和制作要点。

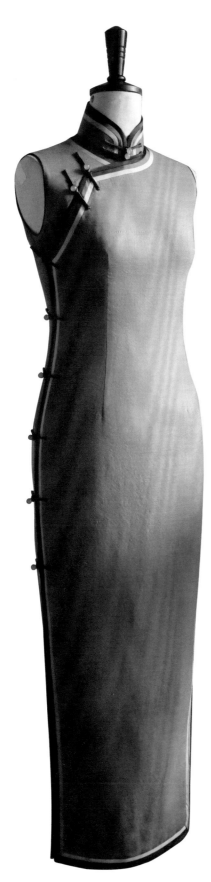

◎ **图3-5-1** 三滚边旗袍效果图

领上＋领底：三道0.8cm滚边

一、大襟及领子的三滚边工艺

（一）滚边条制作（图3-5-2）

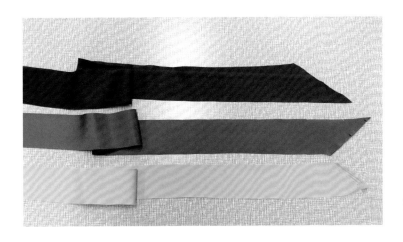

1. 准备所需斜条。包在大身的咖啡色斜条需要宽一点，约3.4cm；其余两色斜条宽2.8cm。注意斜条预先都要烫衬。

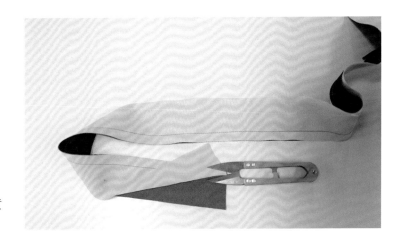

2. 先拼合滚边里面的两色，即黄色和绿色。

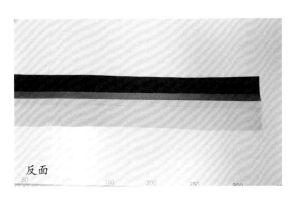

反面

正面

3. 拼合好后将拼缝修剪整齐，并开缝整烫。

4. 借助0.8cm的净样条扣烫最里层的黄色，再压烫正面，确保外露的黄色条宽窄一致。

5. 扣烫完之后把绿色的宽度修到2.6cm。

◎ **图3-5-2** 滚边条制作

（二）滚边条与大身缝合（图3-5-3）

1. 把滚边条车缝在大身上，车后观察是否圆顺平服。

2. 把滚边条黄色与大身烫匀，领圈内口顺势归烫。再把外圈的咖啡色包边条车缝在大身上。咖啡色的布边宽为0.8+1cm缝头=1.8cm。

3. 掀起咖啡色滚条布，把绿色部分的缝头修剪成1cm。

4. 把车好三条滚边的衣身套上人台观察，确保无领圈吊紧、门襟不平等问题。

◎ **图3-5-3** 滚边条与大身缝合

（三）领面滚边（图3-5-4）

1. 开始做领子的滚边，准备裁剪烫好的领子和第一个包边条。

2. 准备两个领净样，包里层双色的领净样外沿一圈要小0.8cm（一个滚边的宽度），按领角净样包烫好黄、绿双色的领角弧度造型，再按领净样包烫咖啡色的第三道滚边条。

3. 包烫好的两个滚边与两个领净样的示意图。咖啡色滚边在外，领净样与领子一样大，黄、绿色滚边在内，领净样上口一周要小0.8cm。

4. 用记号笔先将领面按小净样画出外沿小0.8cm的线条。

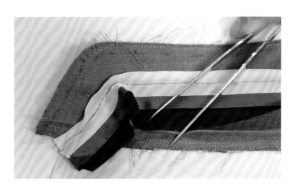

5. 图中三道滚边总宽2.4cm，因此在领子上的最底下一道线离领边的距离为2.4cm处先车第一道线，把拼合好的黄、绿色滚边条车缝在领面处。领子拐角的缉线方法同双滚边的做法，因拐弯角度大，需要镊子推着滚边条送量在转角，以保证滚边结束翻到领角时领子不会被滚边条扯紧。

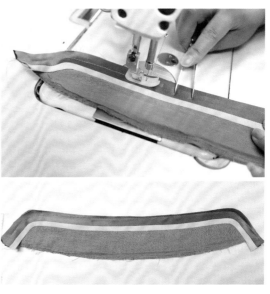

6. 沿着绿色滚边条扣烫好的0.8cm宽度的痕迹缉线，把黄、绿色双边固定在领子上。

7. 沿领子净边把多余的缝头修剪掉。

8. 把包烫好的咖啡色的包边条与绿色的0.8线对齐走线，车缝在领子上。两侧领头留出1cm左右的余量。

9. 三个颜色滚边结束后的效果图。

◎ **图3-5-4** 领面滚边

（四）绱领面（图3-5-5）

1. 领面与咖啡色滚边条一起修剪成1cm缝头，开始绱领子。

2. 把领面的端口对准大身前中的刀眼位置，开始绱领面。

3. 绱领面完成后，捋顺领圈。

4. 穿到合适的人台上观察绱领后的大身领圈情况，确定领面滚边匀称后再绱领里。

◎ **图3-5-5** 绱领面

1. 绱领里（图3-5-6）

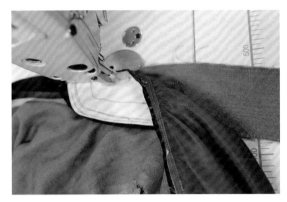

1. 将领面与领里底缝对齐绱线。

3. 检查领圈绱线是否发生偏移，领里与领面领角需要垂直对齐。

◎ **图3-5-6**　绱领里

2. 将领面与领里的下口缝头修薄后对齐绱线。

4. 领里绱完后，将领面与领里之间的上口缝头对齐缝合。

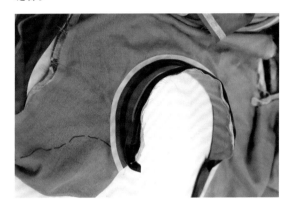

5. 绱完领面与领里后，领子呈自然弧状。

（五）大襟滚边（图3-5-7）

1. 大襟侧缝的滚边做法与领子滚边相同。缝合双色滚条，再做第三道咖啡色滚条，两头各自多留出2.5cm左右。

2. 双色的滚边接头处先拼合对角，最外层的咖啡色需手工缝合，手工做法与包边条缲边做法相同。

3. 先把侧缝缲好,最后留大襟的边缘滚包侧缝。

4. 待包的大襟边缘正面图。

© **图3-5-7** 大襟滚边

(六)大襟转角处滚边处理(图3-5-8)

1. 转角处把里面的缝头修剪剩约0.3cm,

2. 用镊子折好滚边条尾端角度。

3. 中心线对牢,结头藏在内,在正面用暗缲针缝合。

4. 正面做好手工暗缲缝的大襟腋下衣角。

5. 回到背面,在对折分割线处用镊子折出三角,并用左手辅助捏住准备缲针。

6. 同样用暗针缝合。

7. 转角滚边处理完成的效果（左图是正面，右图是背面）。

◎ **图3-5-7** 大襟转角处滚边处理

二、开衩及底摆的滚边工艺

（一）开衩与底摆转角处的滚边工艺（图3-5-9）

 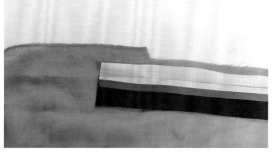

1. 准备好已经车好并修剪好的黄、绿双色滚边条。

2. 滚边条距离上衩口毛边位置2.4cm处车缝。

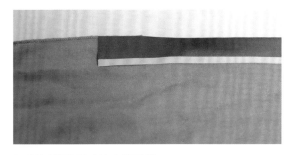 

3. 开衩车缝完成的边缘局部。

4. 滚边条从开衩车缝到底摆时（或从底摆车缝到开衩时），距底摆毛边2.4cm处回车。

5. 转角处把滚边条用镊子夹起来。

6. 在反面把立起的多余的一个三角形量车掉。

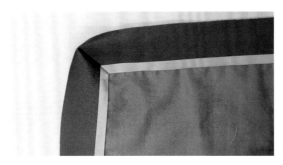

7. 在正面看到的转角处已经车好的效果。

◎ **图3-5-9** 开衩与底摆转角处的滚边工艺

（二）开衩顶端折角的滚边工艺（图3-5-10）

1. 车缝完成整圈开衩和底摆的滚边条后，进行开衩口顶端的工艺处理，先把黄|绿滚边条折出一个三角。

2. 把折好的三角用熨斗压实，使其形状固定。

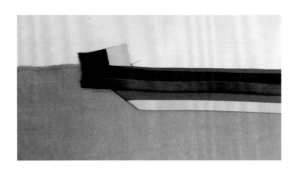

4. 在每个转角的地方留出转折的余量。

3. 把咖啡色滚边条比黄、绿双色滚边条再往上挪2cm，沿着绿色滚边布的0.8 cm的扣烫折线车缝上去。

5. 把整个下摆滚边好。

6. 准备拼合开衩口。在开衩的顶端拨开缝头把咖啡色包边条先向内折成三角形。

7. 再往侧缝折倒，注意咖啡色的折边的斜角角度与黄、绿色滚边一致。

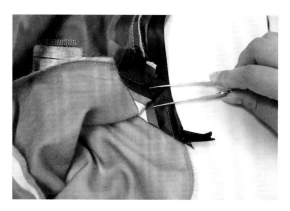

8. 折角的头部缉长2cm左右线做固定，防止三角形滑开。缉线在咖啡色宽度0.8cm的边缘线上。把衣身的另一边做好，然后叠在一起，面面相对，折角角度一致，开衩口高低均匀后开始缉线。

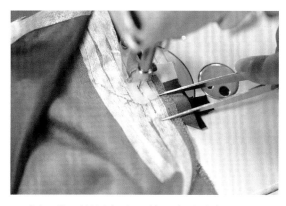

9. 先把开衩顶端固定后，再把两侧缝缝合。

10. 缝合完成后的开衩的顶端。

◎ **图3-5-10** 开衩顶端折角的滚边工艺

第六节　旗袍间隔滚边工艺详解

间隔滚边由2条或者2条以上的滚边平行排列而成，悬空与衣边的滚边称为宕，也称一滚一宕，各条滚边的宽度可以根据设计自由搭配，在滚边的边缘还可以添加花边等，从而达到精美繁复的装饰效果，图3-6-1是四种旗袍间隔滚边的不同工艺设计。

贴宽边+压花边+间隔1cm+1cm宕条

1.5cm滚边+间隔0.6cm+0.6cm宕条

0.6cm滚边+间隔1.2cm+0.6cm宕条

1.2cm滚边+间隔0.6cm+0.6cm宕条

◎ **图3-6-1　间隔滚边工艺效果图**

一、一滚一宕制作工艺——方法一

图3-6-2是一款领上与大襟领圈均滚边的旗袍实样。滚边特点是：领上与大襟领圈为1.8cm滚边+间隔0.6cm+0.6cm宕条。具体工艺制作步骤如下：

◎ **图3-6-2　一滚一宕图例**

（一）裁剪领圈、领子的滚边布（贴边）

由于滚边条过宽，通过直接滚边的方法无法顺利做好弯角，故需要将宽边滚边的部位按衣身的不同弧度造型分成前襟贴片、小襟贴片、后领贴片裁剪（图3-6-3），拼缝好贴边条等部件再滚门襟、领口等边缘。

1. 在布上按净样画好领圈、领子贴边的形状，并放缝1cm后裁剪。

2. 完成裁剪的领子面、里和各部分贴边裁片。

◎ **图3-6-3**　裁剪领圈、领子的滚边布

（二）拼接领圈贴边（图3-6-4）

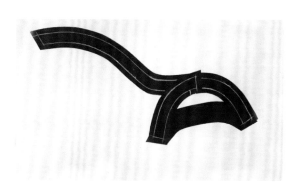 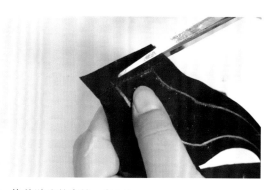

1. 把贴边的两个肩缝拼合。

2. 修剪贴边的肩缝，留0.3cm。

3. 分缝烫开压实肩缝。

4. 已准备好的领圈贴边条正面图

◎ **图3-6-4**　拼接领圈贴边

（三）大身领圈和门襟处画车缝净样线（图3-6-5）

1. 在衣片大身的领圈和门襟处空出缝头1cm，用贴边的净样板画车缝净线。

2. 画好小襟、后领片车缝净线。

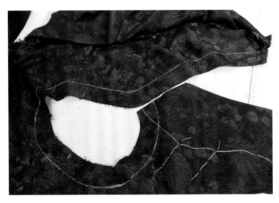

3. 净线画完后，将衣片前后肩缝拼合。

◎ **图3-6-5** 大身领圈和门襟处画车缝净线

（四）车缝宽滚边贴边（图3-6-6）

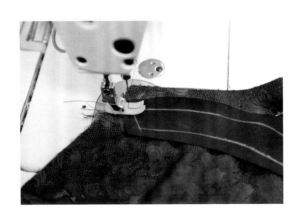

1. 把宽的滚边条从大襟侧缝端头开始沿着大襟所画的净线车缝，碰到大襟弯弧的部位贴边滚条要推一点量进去，这样可防止贴边翻向领口，缉线部位不会带紧前片面布而造成不平服。

2. 把车缝后的贴边缝头修成0.5cm。

3. 贴边条拔向领口方向，检查一周是否按净样板弧
线圆顺，要无吃紧。

◎ **图3-6-6** 车缝宽滚边贴边

（五）车缝窄滚边条（俗称宕条）（图3-6-7、视频16）

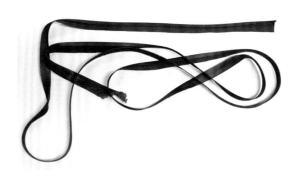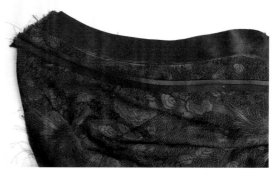

1. 预先扣烫好的宽0.6cm的窄条。

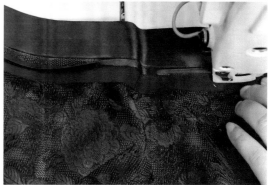

2. 距离第一道宽滚边条0.6cm处车缝上窄条。注意间
隔保持一致。

3. 把滚边条里的缝头修剩约0.3cm。

视频16 宕条的制作工艺

5. 把宕条一侧与面布缝合固定，另一侧在衣服完成后用手工缲暗针固定。

4. 把宽、窄两条滚边都在烫台上熨烫平整。越靠近领圈，内径越小，越不容易制作平服，因此需要使用归烫法。

◎ **图3-6-7** 车缝窄滚边条

（六）面、里布缝合固定（图3-6-8）

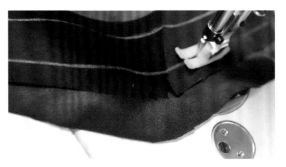

1. 为使小襟处更加挺，需要在里布上车缝一个同样宽度的贴边。为了达到平整的效果，缝合到弯角处时也是需要把宽滚边布的缝头外弧处打刀眼来帮助滚边条的延展。

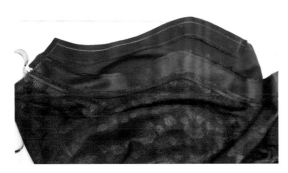

2. 面布车缝滚边条宕条，里布车缝内贴边完成后，将面布和里布车缝拼合，在前中位置回车固定。

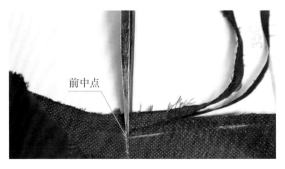
前中点

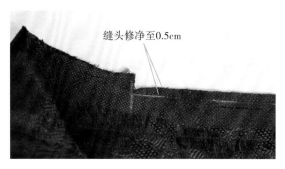
缝头修净至0.5cm

3. 除领圈留缝头1cm需要装领外，把大襟合缝的缝头修剪剩约0.5cm。缝头修剪到前中装领止口处。

4. 翻至正面将里布贴边与缝头缉0.1cm的止口线，防止里层外吐。

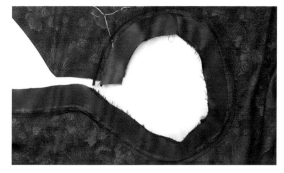

5. 将需要装领部分的缝头修匀至1cm，观察领圈和门襟是否圆顺，并做小烫整烫。

6. 面、里布缝合整烫后的效果

◎ **图3-6-8** 面、里布缝合固定

（七）车缝领面宽滚边（图3-6-9）

1. 准备好领面和宽的滚边贴边布。

2. 在领面的正面用划粉画出所需贴边的位置。

3. 把贴边按净边车缝在领面上。

4. 将贴边净线沿划粉画好的部位缉线，领角拐弯处很难转弯的地方用剪刀在贴边的边缘剪开几个刀眼，以便在缉线时让宽滚边布顺势转弯。

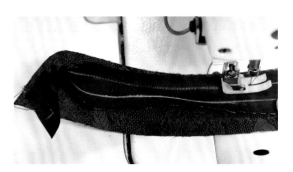

5. 过弯处后顺直部位正常缉线。

6. 扣烫完成后的领面滚边效果（左图为领面正面效果，右图为领面反面效果）。

◎ **图3-6-9** 领面滚边

（八）车缝领面窄滚边条宕条（图3-6-10）

1. 准备好宽0.6的间隔边的宕条。

2. 宕条在距离宽的滚边条0.6cm处车缝上去。

◎ **图3-6-10** 车缝领面窄滚边条

（九）领面、领里缝合（图3-6-11）

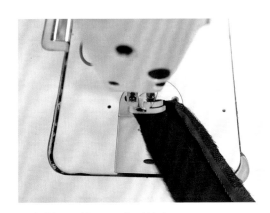

1. 把领面、领里正面相对缝合。

2. 把缝头修剩约0.5cm。

3. 翻到正面。

4. 完成领子上的滚边条。

◎ **图3-6-11** 领面、领里缝合

（十）领与大身缝合（图3-6-12）

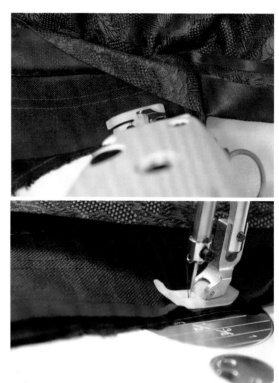

1. 整烫好领子和旗袍的大身，长度上比一下领圈是否与衣身装领的尺寸一致。

2. 把领面的缝头和领圈缝合。

3. 装好领子后套在人台上观察与颈部的吻合情况，并在人台上整烫前后一圈使领圈滚边与大身更服贴。

4. 用暗缲缝把细滚边条缝合。

5. 接着再把领里和领面用暗缲缝缝合。用镊子把多余的镶边条塞到领子里。

◎ **图3-6-12** 领与大身缝合

二、一滚一宕滚边制作工艺——方法二

方法二用于延展性较好的滚边布缝制，在两条滚边的宽度不超过1.2cm的情况下，可以把宽边和窄边等同视作普通滚边布来滚边（图3-6-13）。具体工艺制作步骤如下：

（一）车缝衣身领圈和大襟的滚边条和宕条（图3-6-14）

◎ **图3-6-13** 1.2cm滚边+间隔0.6cm+0.6cm宕条实例

1. 准备好宽约3.8cm和宽约2cm的滚边斜条，借助1.2cm和0.6cm的硬纸板包烫。

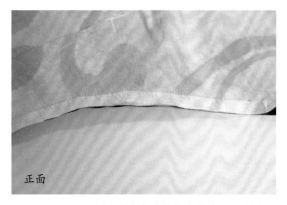
正面

背面

2. 把宽滚边条先车缝在大身上，距边1.2cm（左图为正面线迹，右图为反面线迹）。

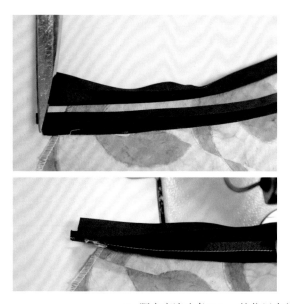

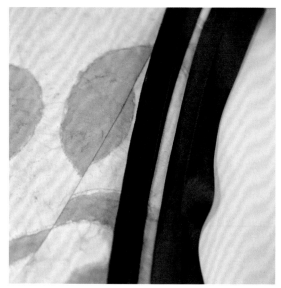

3. 距离宽滚边条0.6cm的位置车缝窄的宕条，注意保持间距均衡。

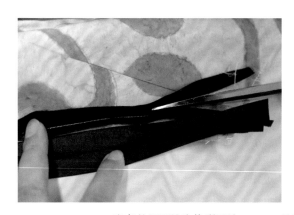

4. 宕条的里面缝头修剪至约0.3cm，整烫好的形态均匀，不起扭。

◎ **图3-6-14** 车缝衣身领圈和大襟的宽、窄滚边条

（二）车缝领子的滚边条、宕条（图3-6-15）

1. 把滚边条、宕条按领面的形状整烫好。

2. 先把宽的滚边条车缝在领面上，然后在距离宽滚边条0.6cm的位置再车缝宕条。

3. 翻开宕条，把里面缝头修剪至约0.3cm。

4. 完成滚边后，把领面放烫凳上整烫定型，注意边缘光滑，宽窄一致。

◎ **图3-6-15**　车缝领子宽、窄滚边条

◎ **图3-6-16** 领与大身缝合

（三）领与大身缝合（图3-6-16）

领面与大身缝合的具体制作工艺同方法一。绱领后观察滚边后的大身与领子是否服贴，宽窄是否均匀。宕条采用暗缲缝，具体制作工艺同方法一。

第七节　旗袍滚边加镶边工艺详解

　　滚边、镶边结合：进行滚边工艺的同时在内侧加入一根极细的镶边，滚边宽窄可变，一般镶边和滚边不同色，能够起到包裹旗袍边缘并有粗细不同的多色效果（图3-7-1）。

领上：0.8cm滚边+0.2cm镶边

领上+领底：0.8cm滚边+0.2cm镶边

领上+大身领底：
0.6cm滚边+0.2cm镶边的重复叠加

领上+大身领底：
1cm滚+0.2cm镶+1cm滚的夹线滚边法

◎ **图3-7-1**　不同滚边镶边结合的应用实例

一、单滚边+镶边的制作工艺

　　图3-7-2是一款0.6cm滚边+0.2cm镶边的应用实例。具体工艺制作步骤如下：

◎ **图3-7-2**　0.6cm滚边+0.2cm镶边应用实例

视频17　滚镶边的制作工艺

（一）滚边条和镶边条的制作（图3-7-3、视频17）

首先选好颜色，准备好滚边、镶边需要的斜条。

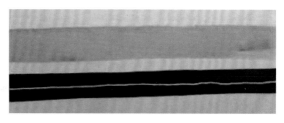

1. 准备好宽约3.2cm的粉色斜条用来滚边；准备好宽约2.5cm的紫色斜条用来镶边；另外准备好需要镶边的棉绳。

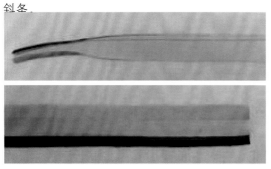

2. 把镶边条车好后与滚边条先缝合，并借助宽1.2cm的硬纸板包烫，完成滚镶边条。

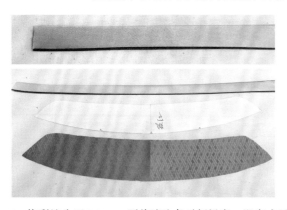

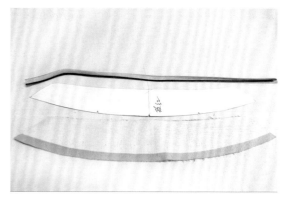

3. 修剪缝头至0.3cm，再将滚边条对折烫实，即完成了宽度为0.6cm、带镶边0.2cm的滚边条。对滚领口弧度制作没有把握时，可以先按领面净样造型把滚镶条熨烫好弧度造型。

◎ **图3-7-3　滚边条和镶边条制作**

（二）领面滚镶边缝制（图3-7-4）

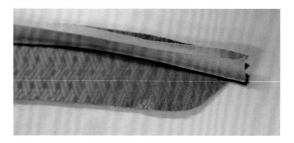

1. 把滚镶边条沿着烫印车缝在距领面下沿0.6cm处（镶线部位朝领上口）。

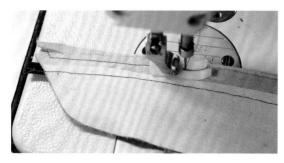

2. 把滚镶边条缝头拨开，与领底的缝头先做固定，修剪整齐至1cm缝头，并把领角处多余的滚镶边条修掉。

3. 领面滚镶边车缝完毕后准备上领，先将领面与大身的领圈合缝。

◎ **图3-7-4** 领面滚镶边缝制

（三）领面与衣身领圈缝合（图3-7-5）

1. 领面放在衣身领圈上，沿着领圈弧线慢速转弯缉线缝合，领子缝合后需观察有没有领底缝吊紧的情况。

2. 将领面和领里拼合，再将缝头修齐。

 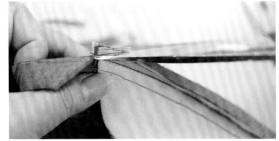

3. 为了让领底缝变薄不会隆起，把中间缝头修窄到0.2cm，并把领头的缝头剪掉一个斜角。

◎ **图3-7-5** 领面与衣身领圈缝合

（四）大襟与领子外边缘连续滚镶边（图3-7-6）

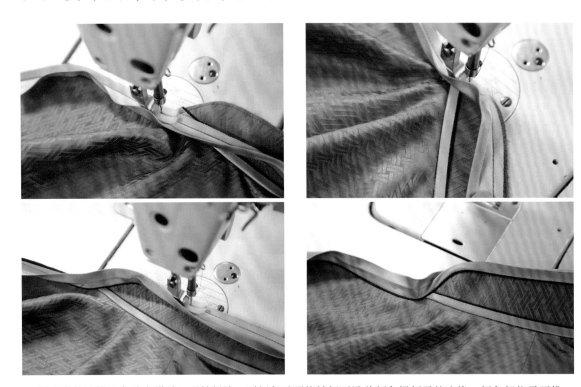

1. 用大襟的滚镶边条从大襟端口开始绲线，到领角时顺势转折再沿着领角绲领子的边缘。领角部位需要推一点量，以保证领子的滚镶边条在包领角时不会吊紧。

2. 领子的装法和前面单滚边装领的方法相同。

3. 把超出领底部位滚镶边条修剪至约1cm，里面多余的棉绳修剪掉。

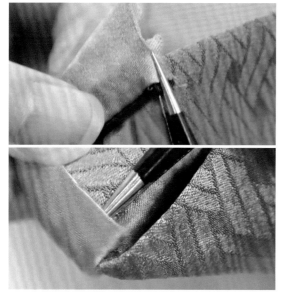

5. 用镊子把滚镶边条往里折光，背面也折光。

4. 由于装完滚镶边条后缝头比较厚，所以需要把大襟和领子的滚镶边条内的镶边条缝头修剩至约0.2cm。

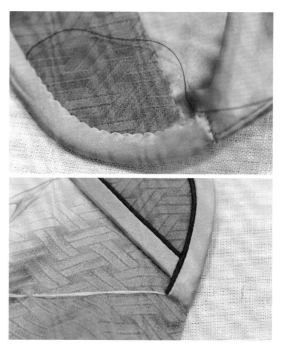

6. 用滚边的缲边法完成领子的手工固定。

◎ **图3-7-6**　大襟与领子外边缘连续滚边

（五）小襟边缘滚镶边（图3-7-7）

1. 小襟腋下装拉链处，也需要用手工制作完成。

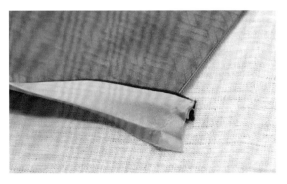
2. 滚镶边条多出约0.6~0.8cm。

3. 同样把多余的滚镶边条里面的棉绳修剪掉。

4. 用镊子把滚镶边条包住拉链。

5. 用暗针缭缝的方法完成手工固定。

◎ **见图3-7-7** 小襟边缘滚镶边

二、滚、镶多边的制作工艺

图3-7-8是一款0.4cm滚边+0.2cm镶边+0.4cm滚边双滚边夹镶边旗袍工艺的应用实例。具体制作工艺如下：

◎ **图3-7-8** 0.4cm滚边+0.2cm镶边+ 0.4cm滚边双滚边夹镶边应用实例

（一）滚、镶条制作（图3-7-9）

1. 准备好所需的斜条，车好宽0.2cm的镶边条。准备宽2.8cm的斜条滚边包大身，宽2.5cm的斜条和棉绳镶边，另一边斜条宽约2cm。

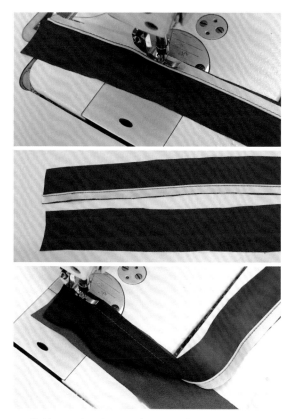

2. 换单边压脚，把镶边条与滚边条沿边缉线，并和另一边的滚边条一起缝合。

3. 拼好缝头，将缝头修剩至0.4cm。

4. 用熨斗把缝头分缝烫开。

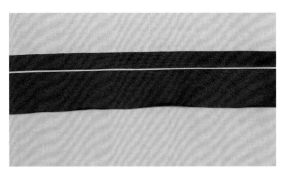

5. 把两边斜条宽修至约1.5cm和2.6cm。

6. 借助1cm的硬纸条进行包烫。把硬纸条放在分缝烫开的缝头上，窄的（1.5cm）一侧折边扣烫约1cm。

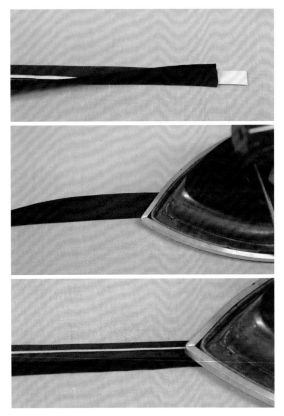

7. 把滚边条宽的这侧沿着硬纸条也折烫过去。沿边烫好后宽约剩1.6cm。

8. 把宽的缝头继续沿烫好的条子再次翻折，包烫压实。

 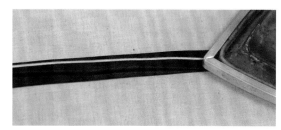

9. 把包烫好的缝头折入条子中间再整理压实。

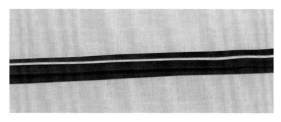 

10. 烫好的滚镶条正面和反面的效果（正面宽度为墨绿色0.4cm+淡绿色0.2cm+墨绿色0.4cm）。

◎ **图3-7-9**　滚、镶条制作

（二）领子与衣片大身缝合（图3-7-10）

1. 把领面和领里的底边缝头先做扣烫。

2. 将滚边条按领面上口的造型线进行熨烫定型，注意线条对称圆顺。

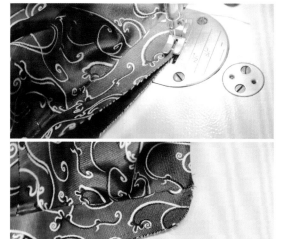 

3. 把领子和大身装好，领面、领里缝合，捋顺领子观察装领要圆顺。

◎ **图3-7-10**　领子与衣片大身缝合

（三）大襟与领子边缘连续滚镶边（图 3-7-11）

2. 把衣服套到人台上，观察滚好边的领口有没有豁开、宽窄不匀等问题，如果有就需要及时调整。

1. 把滚镶边条沿着烫好的折痕对准距领子边缘1cm缉线装在领子上。滚镶边条有拼接的地方要预先算好长度刚好能车在领子和大襟前中转折处，放置在这个置，钉盘扣时刚好能遮蔽掉拼缝的接痕。

◎ **图3-7-11** 大襟与领子边缘连续滚镶边

（四）大襟与领子边缘滚镶边内侧手工暗缭缝固定（图 3-7-12）。

这种工艺与双边夹镶边的手工包边法略有不同，里面拼缝多，容易产生不平服现象。

1. 从小襟上方的领子滚边开始。为防止折边时头部太厚、太鼓不美观，要先把滚边条头上剥开，将多余的棉绳剪掉（红色线是小襟上的与大襟吻合定位线）。

2. 把里面拼合的缝头再修剪成斜角，使里面的缝头更加薄。

3. 用镊子把滚镶边条往里折光。

4. 用滚边的暗缲缝法完成领子的手工。

◎ **图3-7-12**　大襟与领子边缘滚镶边内侧手工暗缲缝固定

（五）小襟边缘滚镶边内侧手工暗缲缝固定（图3-7-13）

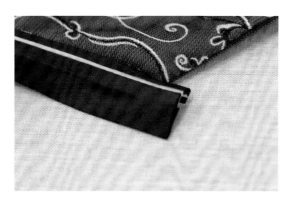

1. 小襟腋下装拉链处也需要用手工制作完成滚镶边。把拉链端的滚边条修剪剩至0.6cm。

3. 把拼合的缝头修剪成斜角，使里面的缝头更加薄。

2. 同样把镶边条里面的棉绳修剪掉。

4. 用镊子辅助把滚镶边条0.6cm长度的折边向大身方向包住拉链头，把滚镶边条沿着大襟的净线向下裹紧边缘，再采用暗缲针缝法由折角一直缲到前中点。

5. 用暗针缲缝的方法完成手工。

◎ **图3-7-13**　小襟边缘滚镶边内侧手工暗缲缝固定

第八节　旗袍滚边、镶边加花边或毛条工艺详解

　　随着现代服饰材料的增多，各类花边与各种宽窄不同的滚边、镶边等组合也日渐被使用到旗袍上，使旗袍的装饰工艺更加丰富（图3-8-1）。最常用的服饰材料——蕾丝，色彩多样，花边造型繁多，不仅能增加女性的柔美，而且还能体现旗袍的曲线美、现代工艺美。而毛条多运用于寒冷时节的棉质旗袍，增添蓬松和温暖感。镶边和滚边的方法千姿百态，可以按照面料采用不同的设计和造型，给服装带来细节的美感。

0.6cm滚边+宽花边

0.3cm镶边＋花边

0.6cm滚边+窄花边

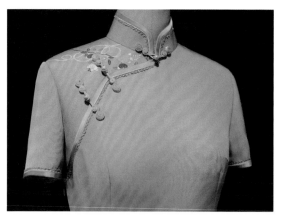

0.8cm滚边+0.2cm镶边＋花边

0.6cm滚边+间隔+窄花边　　　　　　　　镶毛条+0.8cm滚边+0.2 cm镶边

◎ **图3-8-1**　各类花边与滚边、镶边等组合工艺应用举例

图3-8-2是一款后中装拉链、双开襟、0.6cm滚边+0.2cm镶边+花边的旗袍，本节以此为例，详解其工艺制作方法。

◎ **图3-8-2**　0.6cm滚边+0.2cm镶边 +花边的应用实例

一、滚镶边条制作和花边的准备（图3-8-3）

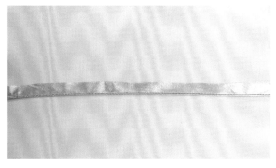

1. 准备好宽约3.2cm的红色斜条用来滚边，再准备宽约2.5cm金色的斜条和需要镶边的棉绳用来镶边。

2. 镶边条的做法参考第二节镶边旗袍的镶边条做法步骤1～步骤4。

4. 把滚边条扣烫好，缝头修剪整齐后对折烫实，完成0.6cm的滚镶边条。

3. 再把镶边条和滚边条缝合，熨烫平整，并借助1.2cm宽的硬纸板条扣烫。

◎ 图3-8-3 滚镶边条制作和花边的准备

5. 挑选好花边做预缩（蒸汽熨斗高温预缩）。

二、双开襟衣片上下缝合（图3-8-4）

加花边有多种做法，可以把花边与滚镶边条先拼合再往大身上缝，也可以做好滚镶边后再沿着造型线车花边。这件衣服的花边边缘不整齐，外露不美观，因此做法采用滚镶边条压花边。

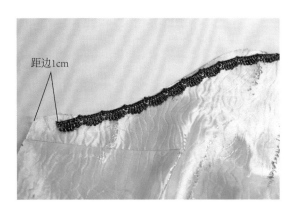

距边1cm

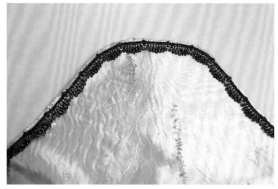

1. 制作时要先把花边车缝好，再做滚镶边。在距离侧缝约1cm处开始（花边较厚，为了防止成衣侧缝缝头太厚，加之侧面有1.5cm的缝头，花边车缝的时候不靠齐侧缝线而缩进），沿门襟弧度边缘线车缝。花边顶端不到门襟弧线边缘处，距离按照滚边后花边需要外露多少厘米的设计来定。

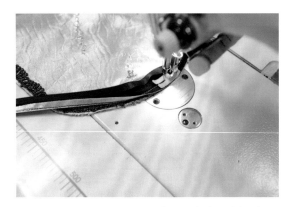

2. 把滚镶边条按弧度车缝在门襟花边上，距边0.8cm把滚边条沿门襟扣烫好。

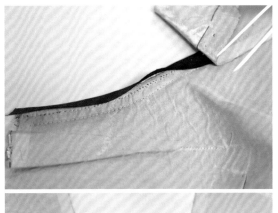

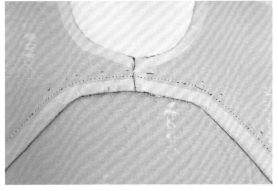

3. 把双开襟滚边条的折痕与车缝拼合。

◎ **图3-8-4**　双开襟衣片上下缝合

三、领子与衣身领圈缝合（图3-8-5）

1. 把领面也装上花边和滚镶条，再将领面和领里后中拼合。

2. 装领子，从后中开始把领面缝头对准领圈缝头，沿着领圈线推着领子缝合。

3. 装好后把领子和衣身的领圈拨匀查看装领是否平整。

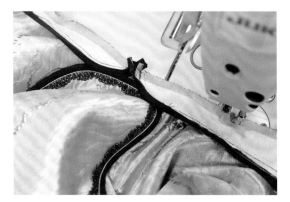

4. 从前中开始往后中绱线装好另一边的领子。为防止在成衣完成后领头有分离的情况，两个领子的头部在绱领圈时可以稍微交叠一点，大约交叠0.1cm。

5. 把领圈合缝的缝头修窄，并把缝头里多余的花边修掉。

6. 装好领面的衣服套在人台上观察领口、门襟等部位要圆顺。

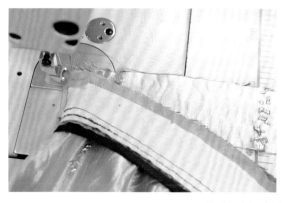

7. 接着把领里与装好的领圈领面缝合。

◎ **图3-8-5**　领子与衣身领圈缝合

四、修剪缝份，翻烫领子，手工固定滚镶边（图3-8-6）

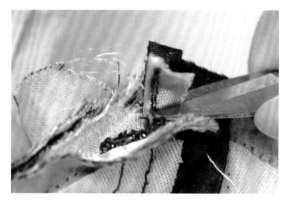

1. 把镶边条缝头和多余的花边修剪掉，直角车缝处剪成斜角。

2. 修齐领底缝头后，把领缝头之间的镶边条缝头修剩至约0.2cm，再修成高低缝。

3. 用镊子顶住尖角处，把领子翻出。

4. 两边领子比对高低和宽窄是否完全一致。

6. 滚镶边条尾端留出约0.6cm，折边，参照前面滚镶边的手工做法把领子包好。

5. 把领面和领里缝合。

◎ **图3-8-6** 修剪缝头，翻烫领子，手工固定滚镶边

五、完成的半成品实例（图3-8-7）

接下来的手工因为多处相同，不再赘述。

◎ **图3-8-7　完成的半成品实例**

第九节　旗袍如意贴边工艺详解

　　如意取"事事如意"的寓意。纹样从古人把玩的如意器物变化得到线条，一般装饰在下摆，大襟等部位（图3-9-1）。如意纹样装饰在衣服上，更能体现旗袍主人雍容华贵的气质。

双头如意襟

如意底摆

五如意老式旗袍

◎ **图3-9-1**　旗袍的如意贴边工艺实例

◎ **图3-9-2**　单头如意襟

　　如意贴边作为底摆、门襟等处的装饰，其纹样造型略有不同，但制作方法相似。图3-9-2为单头如意襟实例，如意贴边会采用在前中拼接的方法，用先镶边再夹花边的方法缝制。

　　本书仅以如意头部的制作方法作示例。如意贴边具体的工艺制作方法如下：

一、如意贴边的裁剪及镶边加花边材料的准备（图3-9-3）

1. 准备好所需如意贴边的纸样和面料，对准丝缕，画好形状后向外放缝1cm裁剪好。

2. 裁剪好如意贴边、准备好所需的斜条，棉绳和花边。如意的外边缘是0.2cm的镶边加花边（靠近领口的是0.6滚边和0.2镶边结合的滚镶边，准备的斜条宽度和前面滚镶边所需的斜条宽度一样。这部分制作方法前面已经有详细讲述了）。

3. 把如意纹按所需贴边的部位对齐。

4. 镶边条的准备：将细棉绳夹在斜条中间，用单边压脚挤紧绲线，得到均匀而且足够长的镶边条。镶边条车完后，把缝头修剩1cm。

◎ **图3-9-3** 如意贴边的裁剪、镶边加花边材料的准备

二、如意贴边边缘的镶边工艺（图3-9-4）

1. 把镶边条车缝在贴边布上。

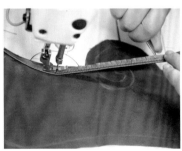

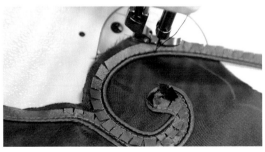

2. 如意的拐角弧度大，镶边条很难自如转弯，因此要将镶边条的缝头每隔0.5cm左右剪刀眼。刀眼深度距镶线约0.2cm，要一手带着镶线条，一手顺着弯角慢慢推动绲线，将如意的纹样盘出。

3. 车缝完之后需把转弯处的缝头继续修剪，打深刀口，距离镶边条约0.2cm处。

4. 沿着如意的纹样把转角最弯的部位剪开。

5. 再把小圆角边缘的底布缝头也打刀眼。制作好的背面如下图。

6. 把镶边条的缝头往背面拨匀烫实。

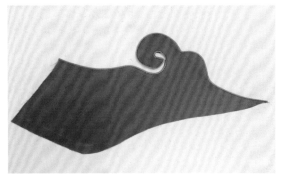

7. 回到正面整烫。按净样烫出造型，
0.3cm镶边条宽窄要一致。

◎ **图3-9-4** *如意贴边边缘的镶边工艺*

三、如意贴边与衣片大身缝合（图3-9-5）

1. 把镶好边的如意贴边车缝到大身上，换成单边压脚，缉线时靠牢镶边条走线。漏落缝压线在镶边条和如意大贴边布的中间。

2. 走线一定要缓慢匀称，才能将较小角度的弯势做漂亮。

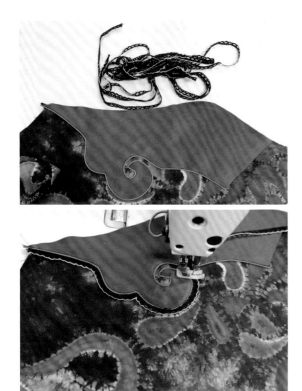

4. 做好的如意贴边的局部示意图。外包边的做法参考前述镶滚边+花边的做法。

3. 准备好已缩烫的花边，再将花边沿着镶边条的外侧车缝上去做装饰。

◎ **图3-9-5**　如意贴边与衣片大身缝合

　　至此，旗袍中常用的镶边、滚边、镶滚、间隔滚等技法都已经作了介绍，在此基础上，设计者可以按照自己的需求添加和变化出旗袍上丰富的各种边缘线，让旗袍更加绚丽多彩。

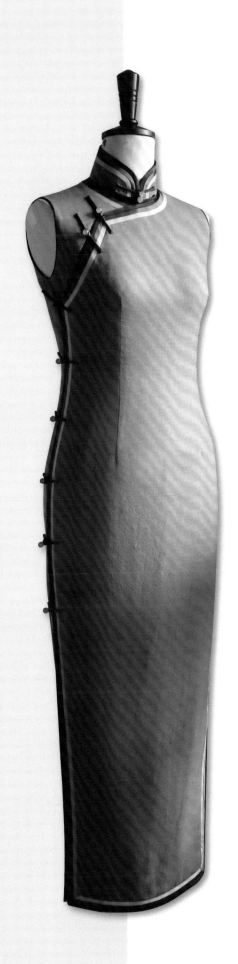

第四章

旗袍的细部装饰

第一节　旗袍的领型装饰和门襟装饰

一、旗袍的领型装饰

旗袍领型多样，美观有型，以立领居多，这源于古代服饰里立领象征着身份和地位，地位越高、身份越尊贵的人，立领则是越高。但立领高、衣服合体，反过来也约束了身体，使动作幅度受限，展示了女性稳重大方的仪态。随着旗袍的改良、时尚流行变化及工作生活和礼仪场合的多样性需求，领型也日益变得丰富多样，风格个性了起来。

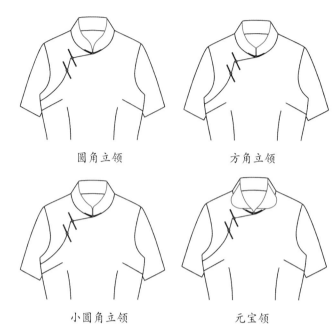

圆角立领　　　　　　方角立领

小圆角立领　　　　　　元宝领

◎ **图4-1-1** 旗袍的常用领型

（一）旗袍的常用领型

旗袍的常用领型有：圆角立领、方角立领、小圆角立领、元宝领等（图4-1-1）。

（二）旗袍的特殊领型

随着服装的流行变化，出现了现代改良旗袍，领子也出现了各种不同的款式，如无领、水滴领、圆角立领、方领、花盆领、双层花领、半开领等（图4-1-2）。

无领

水滴领

圆角立领

方领

荷叶边领

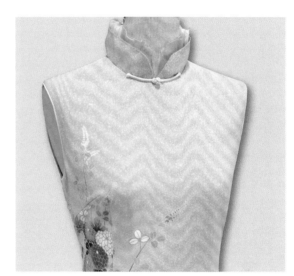

双层花领

半开领

◎ **图4-1-2** 旗袍的特殊领型

二、旗袍的门襟装饰

在汉族传统服饰文化中，门襟采用"左襟压右襟"，右手开扣，俗称开右衽。一般非汉族、白事等情况下才开左衽。所以，旗袍的开襟方式基本以右襟为主，门襟的款式也丰富多样（图4-1-3）。

在制作方面，双襟比单襟工艺复杂。双襟是要先在旗袍上开两边的襟，然后把其中一个襟缝合。这个缝合的襟只作为装饰，所以双襟的旗袍与单襟的旗袍穿着方式一样，只是双襟的旗袍在视觉效果上装饰性更为美观，还可以掩饰溜肩体型。

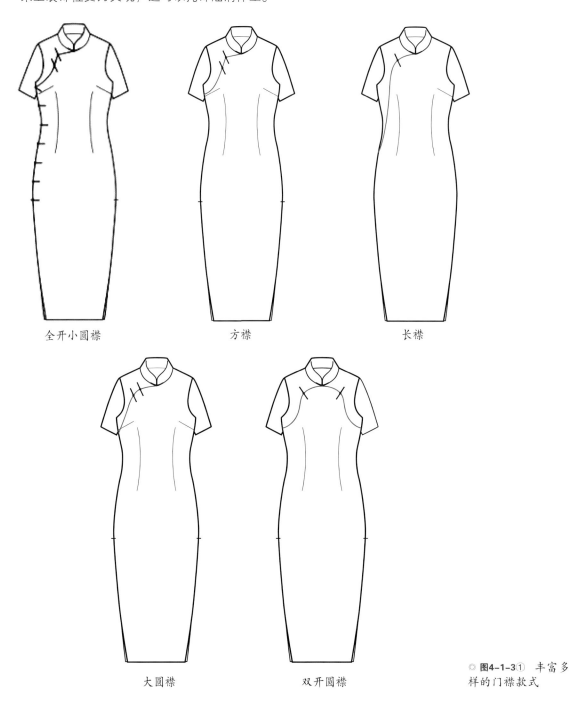

全开小圆襟　　　　　　　　方襟　　　　　　　　长襟

大圆襟　　　　　　　　双开圆襟

◎ **图4-1-3**① 丰富多样的门襟款式

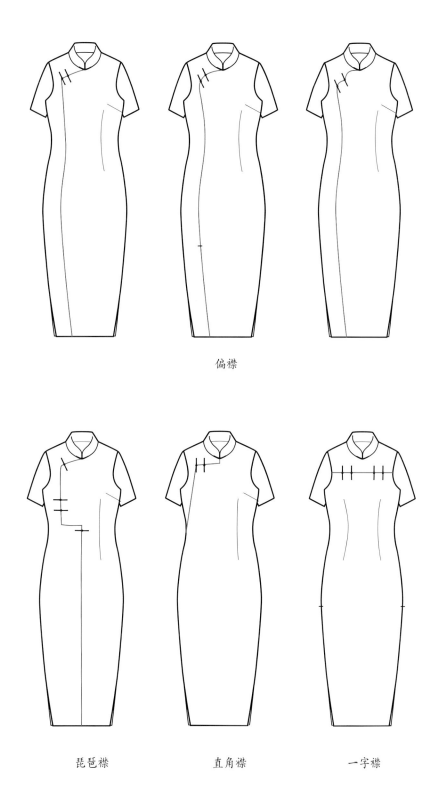

偏襟

琵琶襟　　　　　直角襟　　　　　一字襟

◎ **图4-1-3**② 丰富多样的门襟款式

（一）门襟基本款

门襟的基本款主要有三种：普通圆角襟、大圆襟和方襟（图4-1-4）。

普通圆角襟

大圆襟

方襟

◎ **图4-1-4** 门襟的三种基本款

（二）门襟改良款

改良款旗袍，主要体现在旗袍的各部位细节与传统旗袍有所差异，如门襟款式的多样化（图4-1-5），使旗袍品种更加丰富。

无小襟

圆角变化门襟

◎ **图4-1-5**① 丰富多样的门襟改良款

方襟

双开襟

对开襟

一字襟

偏开襟

直角偏襟

◎ 图4-1-5② 丰富多样的门襟改良款

不同材质设计门襟造型

花瓣的造型襟

如意装饰襟

◎ **图4-1-5③** 丰富多样的门襟改良款

第二节　旗袍的袖型装饰和下摆装饰

一、旗袍的袖型装饰

旗袍袖型的款式，通常随季节而变，也随潮流而变化。时而流行长袖、长过手腕；时而流行短袖，短至露肘。旗袍的袖子在装饰上也求新求异，除了传统的连肩袖（大身与袖不断开，通身裁剪）外，现在的旗袍常见的袖型有长袖、七分袖、中袖、短袖、落肩袖、半袖、无袖。袖型的变化还有插肩袖、荷叶袖、喇叭袖等。袖口上也会增加袖口开衩、镶边等细节。

（一）连肩袖

连肩袖是衣身和袖子连为一体的款式，通常在传统的旗袍款式中有较多运用，其袖型有多种变化（图4-2-1）。图4-2-2是连肩袖旗袍实例。

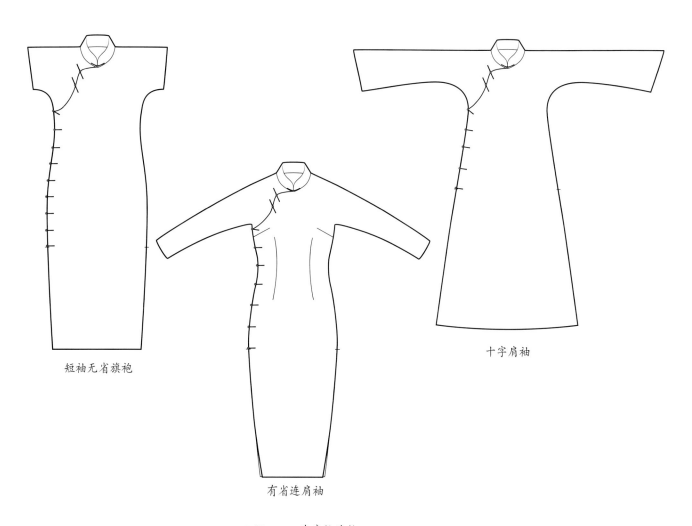

短袖无省旗袍

有省连肩袖

十字肩袖

◎ **图4-2-1**　连肩袖旗袍

短袖连肩袖 连肩倒大袖 长袖连肩袖

◎ **图4-2-2** 平肩连肩袖旗袍实例

（二）插肩袖

插肩袖是衣身的一部分分割给袖子，在分割线上去掉部分省量，减少传统连肩袖带来的腋部堆量多的问题，使袖子延伸至衣身中，有后片插肩袖（前面袖子和大身相连，后片插肩）和前后全部肩袖等不同造型（图4-2-3）。

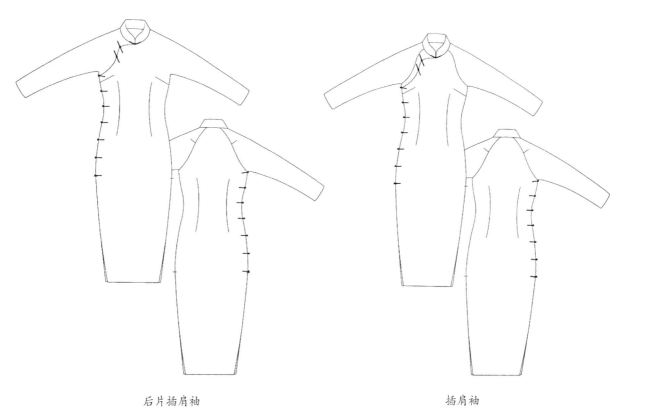

后片插肩袖 插肩袖

◎ **图4-2-3**① 插肩袖旗袍

后插肩袖

前后插肩袖

◎**图4-2-3②　插肩袖旗袍**

（三）改良款袖型

改良款袖型采用西式袖子与大身分离的更合体的裁剪方法，通过袖子款式的不同造型，得到的旗袍的设计感更加丰富了（图4-2-4）。

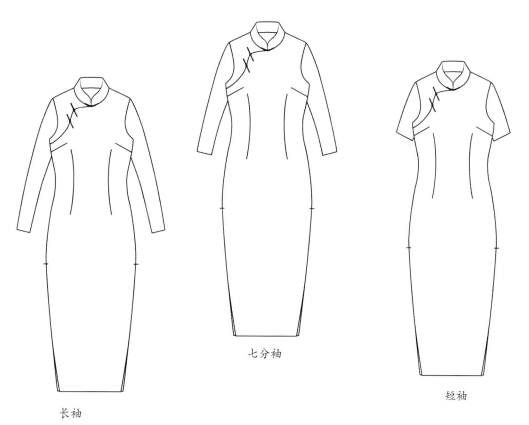

七分袖

长袖

短袖

◎**图4-1-4①　丰富多样的改良款袖型**

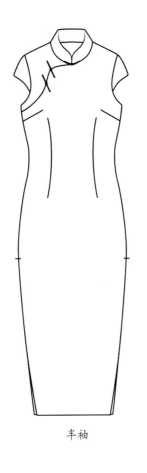

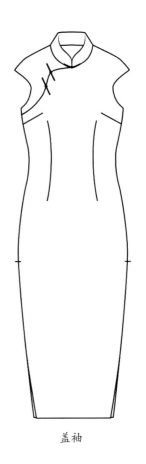

半袖   盖袖

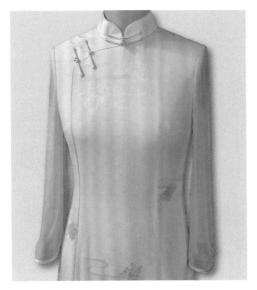

长袖   七分袖

◎ **图4-1-4**② 丰富多样的改良款袖型

短袖

半袖

盖肩袖

荷叶袖

中袖

◎图4-2-4③　丰富多样的改良款袖型

二、旗袍的下摆装饰

　　旗袍的下摆装饰主要体现在下摆围的大小和底摆的层次上。不同的下摆围设计，其外观所呈现出的效果也有较大的差异（图4-2-5）。

窄摆　　　　　　　　　　　　直摆　　　　　　　　　　　　小A摆

◎ **图4-2-5**① 旗袖的下摆装饰

外+里大摆　　　　　　　　　流苏装饰下摆　　　　　　　　底摆分片里层大摆

◎ **图4-2-5**② 旗袖的下摆装饰

拖尾大摆 短鱼尾摆 长鱼尾摆

◎图4-2-5③ 旗袍的下摆装饰

第三节 旗袍的扣子装饰和其他装饰

一、旗袍的扣子装饰

盘扣作为旗袍服饰特别的"纽扣"，有直扣和花扣两种。手工盘扣工艺独特，它运用细腻、婉约的手工缲边和盘花扣，表现出一丝不苟的自我涵养。精致的盘扣，尤其是花扣，绝对是旗袍上的点睛之笔，其形状多样，寓意丰富，代表美好、吉祥、如意等。每一件旗袍都需根据其款式、花色来和谐搭配盘扣。

传统旗袍上，盘扣的数量选奇数。《易经》："阳卦奇、阴卦偶"，奇数为阳数；佛教认为"奇数属阳，阳能生万物"，女性属阴，盘扣取奇数有阴阳调和之意。随着现代社会审美的发展，人们更加追求盘扣的美观，数量的多少多侧重于搭配角度，而不再是追求单纯的奇数。

（一）旗袍领上扣子的装饰

旗袍领上扣子的装饰是旗袍的一大特色，其形式有一对扣、两对扣、三对扣和花扣等多种形式（图4-3-1）。

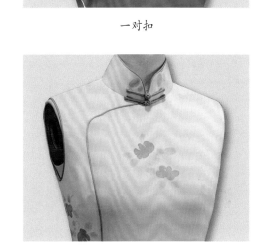

一对扣

两对扣

花扣

三对扣

◎**图4-3-1** 旗袍领上扣子的装饰

（二）旗袍门襟扣子的装饰

1. 门襟一字扣的装饰（图4-3-2）

一对扣　　　　　　　　　两对扣　　　　　　　　　三对扣

◎**图4-3-2**　门襟一字扣的装饰

2. 门襟其他扣子混搭的装饰（图4-3-3）

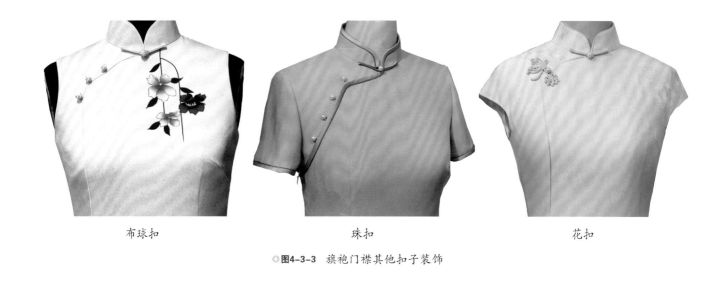

布球扣　　　　　　　　　珠扣　　　　　　　　　花扣

◎**图4-3-3**　旗袍门襟其他扣子装饰

二、旗袍的其他装饰

　　旗袍的其它装饰，可采用式样简洁合体的线条结构或精细的手工制作（图4-3-4），用料多样、色彩灵活，工艺繁复，大大增加旗袍的美感，极具锦上添花之妙处。

滚边加贴布绣

滚边加蕾丝花边

滚边加手工盘花

滚边加刺绣

◎图4-3-4 旗袍的其他装饰

刺绣装饰是旗袍常用的一种装饰形式（图4-3-5）。刺绣针法多样，一针一线，手法细腻，工艺精湛，活灵活现。以绣针引彩色真丝线，通过绣迹的粗细虚实变化在服装上刺缀运针，绣出花样、图案、文字的艺术效果。同时讲究中国水墨画的静动结合、和谐巧妙，充分考虑到颈、胸、腰、臀运动的曲线变化和行走、站、蹲、卧、跑、跳的不同姿态。

百花刺绣　　　　　　　　　　　　　牡丹刺绣

梅花刺绣　　　　　　　　　　　　　竹子刺绣

◎ 图4-3-5① 旗袍的刺绣装饰

牡丹刺绣

百合刺绣

玉兰刺绣

玉兰刺绣

◎图4-3-5② 旗袍的刺绣装饰

第五章
旗袍扣子的制作

第一节 扣条的制作

扣条是制作盘扣的重要材料。外表平整、光滑、饱满的扣条是制作出圆润盘扣的基础。扣条是由斜布条（简称斜条）裹入棉绳后缝合、翻掏、整烫而成。对初学者来说，精准地剪裁出45°角的斜条布条（图5-1-1）是成功制做扣条的关键。

◎ **图5-1-1** 45°角的斜条扣条

一、直扣扣条的制作

（一）手针缝制扣条的制作工艺（图5-1-3）

传统扣条都是手工缝制的，是在布料反面刮上浆糊阴凉晾干后裹入棉绳搓圆成扣条，现在有电熨斗了，可以用电熨斗辅助扣烫成型，扣条手工制作步骤如下。

1. 扣烫斜条（图5-1-2）

1. 准备刮好浆糊的斜布条。

2. 剪出跟斜布条一样宽的裁床纸垫在下面。

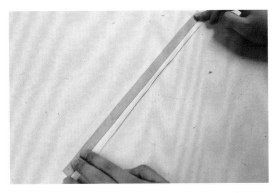

3. 准备一条1.2cm宽的硬纸净样板做辅助，把硬纸板放在斜条的中间。

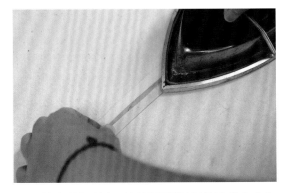

4. 用裁床纸把斜条两侧抵紧硬纸板的边缘向内扣烫，两边各烫进去0.5cm。

5. 把纸打开，取出扣烫好的条子。

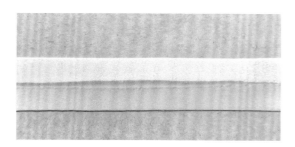

6. 将斜条对折把棉绳放在中间，准备下一步骤手工缝合。

◎ **图5-1-2** 扣烫斜条

2. 手针缝制（图5-1-3）

1. 用针在端口先缝合几针。

2. 把扣条一端固定在重物上，拉紧继续缝制，沿边缘挑0.2cm高度缝合，针距约0.5cm。

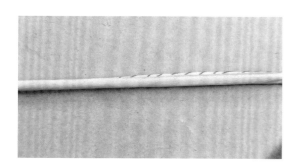

3. 手缝扣条完成。

◎ **图5-1-3** 手针缝制扣条

（二）车缝直扣扣条的制作

直扣扣条的制作也可以利用缝纫机车缝制作。其特点是速度快，线条笔直，针距间隔均匀，扣条更加平整，翻条后得到的扣条没有外在线迹，使得制出的盘扣更加光滑。单色和双色的扣条都可以用车缝制作（视频18）。

视频18　软扣条的制作技法

1. 单色扣条的制作

单色扣条是指用同色的一条斜条将宽度对折进行车缝，具体制作步骤见图5-1-4。

1. 准备好一条宽3.2~3.5cm的斜条，正面对折车缝0.6cm，缝头留0.8~1.2cm。

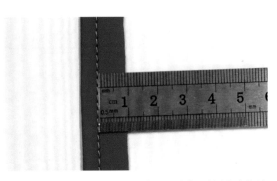

2. 把缝头按0.9cm修剪整齐（不同面料所需的缝头余量可以稍作调整）。

3. 在扣条末端剪出45°斜角，用长钩针穿过扣条端口勾住斜角。

4. 把钩针向内缩进通道。

5. 钩针穿过扣条

6. 把钩针的辅助勾穿过斜角的布。

7. 用手指轻轻推送把缝头推到扣条内。

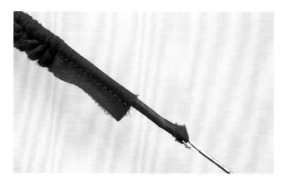

8. 端口逐渐拉至另一头，把扣条翻到正面，翻到内里的缝头替代棉绳的作用，如果面料偏软，还需要再穿一根细棉绳增加扣条的体积。

9. 用熨斗整烫扣条。

◎ **图5-1-4**　单色扣条的制作

2. 双色直扣扣条的制作

双色直扣扣条是指两种不同颜色的两条斜条缝合后再进行翻烫制作，具体制作步骤见图5-1-5。

1. 准备好两条宽1.8cm的斜条，正面相合用机器车缝两条线，两条车缝线间距0.6cm，两边缝头各留0.4~0.6cm（不同面料所需的缝头余量可以稍作调整）。

2. 中等厚度的布料，两边缝头修剪整齐到0.4cm。

3. 在扣条末端剪出45°斜角。

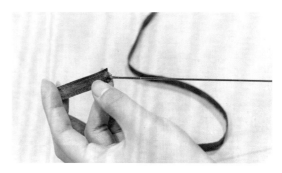

4. 用长钩针穿过扣条。

 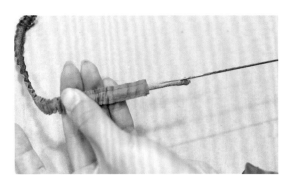

5. 用钩子勾住斜角往里拉。　　　　　　　6. 把扣条翻到正面。

 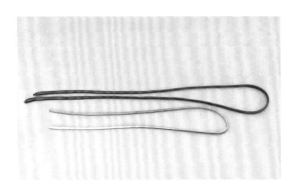

7. 将顺翻好后的扣条，使里面的缝头不团在一处，再用熨斗整烫扣条。

8. 完成的粗细均匀的单色、双色扣条。

◎ **图5-1-5** 双色扣条的制作

二、花扣扣条的制作

花扣也称"襻花"，在旗袍上的意义不仅是起扣子的作用，更是起到了画龙点睛的装饰作用，花扣做法多样，变化繁多，寓意多重，是旗袍的重要工艺之一。

花扣有空心花扣和实心花扣之分，空心花扣只盘纹样，实心花扣在盘好纹样后局部填空，达到块面和线条的造型变化。花扣的制作方法有多种，本节介绍的是其中一种易学易掌握的制作方法。

（一）单色花扣扣条的制作

方法一：双面黏衬法

准备好宽2cm的斜条刮好浆，对折，在上面放一条宽1cm的双面黏衬，距离对折边缘0.6cm处车缝，缝头修齐至0.2cm，翻掏到正面，将顺在内部的缝头，用钩针带引穿入铜丝后压烫即可具体制作步骤见图5-1-6。

1. 准备刮好浆的宽2cm的斜条、铜丝和双面黏衬。

2. 斜条对折后放上双面黏衬距折边0.6cm处均匀缉缝。

3. 修剪缝头至0.2cm。

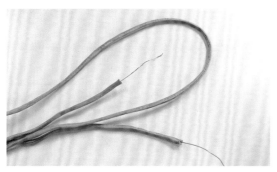

4. 参照之前的步骤把扣条翻到正面并穿入铜丝。

5. 熨斗整烫扣条。

6. 完成扣条。

◎ **图5-1-6** 单色花扣扣条的制作

方法二：拉筒后胶水黏合法

　　单色实心花扣扣条的制作方法有多种，可以采用胶水黏合的方法，此方法可以避免花扣扣条因车缝带来的线迹，使扣条看上去更加整洁。具体制作步骤见图5-1-7。

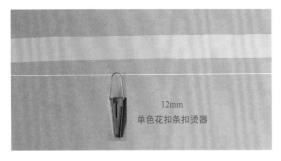

1. 准备刮好浆宽度约为1.8cm的斜条和12mm的扣烫辅助器。

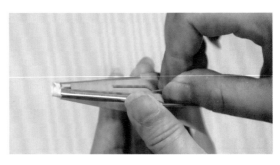

2. 把斜条塞入扣烫辅助器里，用珠针使其穿出辅助器。

3. 用熨斗把斜条压平。

4. 把斜条对折扣烫。

5. 把铜丝放置在扣条的中间。

6. 用胶水把铜丝黏合在扣条所示位置。

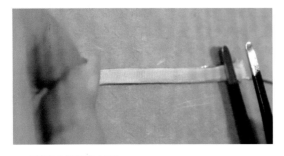

7. 用镊子把扣条履平。

8. 扣烫完成。

◎ **图5-1-7** 单色花扣扣条制作——胶水黏合法

（二）双色花扣扣条的制作

方法一：普通车缝法

　　采用两种不同颜色（此处是红色和金色）的斜条进行缝制，具体步骤见图5-1-8。

1. 准备好花扣所需的宽度约1.5cm的两条斜条（斜条的制作见第一节的制作）。

2. 刮浆，阴凉处晾干。

3. 用机器车缝好斜条，两条车缝线间距0.6cm，两边缝头修剪至0.2cm（根据面料不同，预留不同尺寸），翻到正面后整烫（制作方法见第一节双色扣条制作的第4步~7步。）。

4. 用长钩针穿入扣条，把铜丝一头缠绕在钩针上。

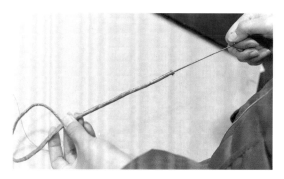

5. 一只手拖住扣条，另一只手拉住钩针使铜丝穿过扣条。

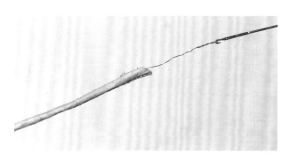

6. 穿好后的铜丝，其两端预留长度比扣条至少长5cm（因扣条在整烫中会有所拉长）。

7. 用熨斗压烫扣条。

◎ **图5-1-8** 双色花扣扣条的制作——普通车缝法

方法二：双面黏衬法

为了使扣条更加硬挺，制作时采用在扣条内车缝一层（或两层）双面黏衬。具体制作过程见图5-1-9。

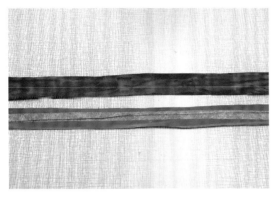

1. 准备好两条不同颜色宽1.5cm刮好浆的斜条、双面黏衬和铜丝。

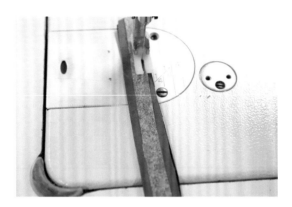

2. 用机器车缝好扣条，距边约0.3cm，把双面黏衬一起车缝住。

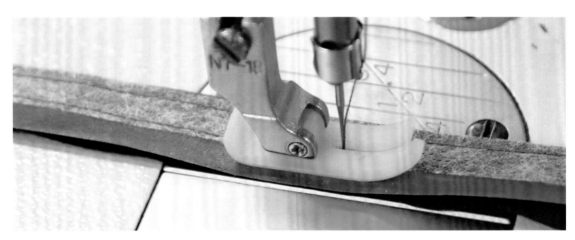

3. 再距离第一条线0.6cm车缝。

4. 两边缝头修剪后各留0.2cm（根据面料不同，预留不同尺寸）。

5. 用钩针把扣条翻到正面。

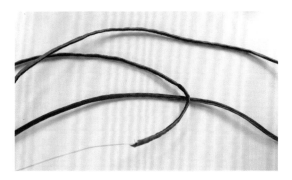

6. 参照之前步骤穿入铜丝。

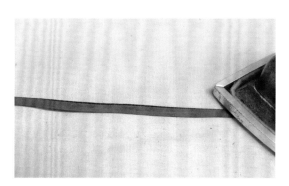

7. 熨斗整烫扣条。

8. 完成扣条。

◎ **图5-1-9　双色花扣扣条制作——双面黏衬法**

方法三：拉筒后胶水黏合法

采用胶水黏合的方法制作双色花扣扣条，可以避免花扣扣条因车缝带来的线迹，使扣条看上去更加整洁。具体制作过程见图5-1-10。

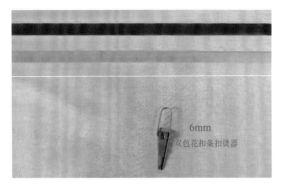

1. 准备两种颜色的斜条（宽度约为1.4cm）及6mm的扣烫辅助器。

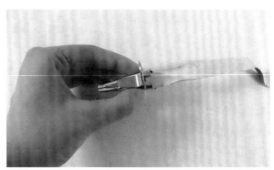

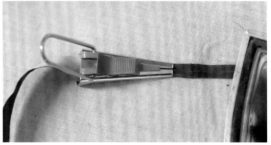

2. 穿入方法与单色扣条一样。

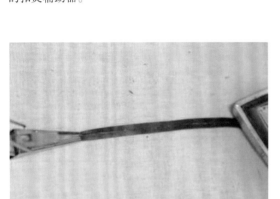

3. 注意：双色扣条不需要对折熨烫。

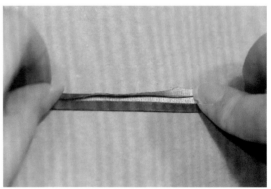

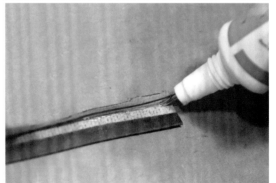

4. 在双色扣条的两侧都穿入铜丝用胶水黏合。

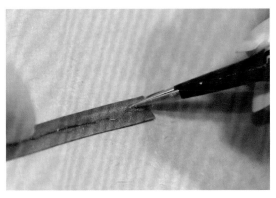

5. 用镊子调整好铜丝位置，涂上胶水。

6. 把扣烫好的另一条扣条黏合在穿好铜丝的扣条上（注意：另一条扣条不需要穿铜丝。）

7. 用镊子把扣条调整好后黏合。

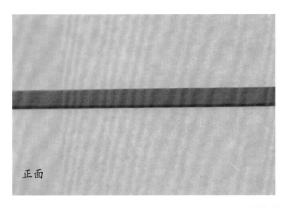

正面

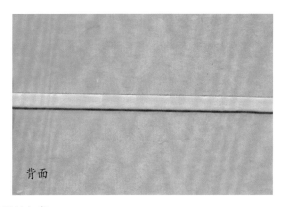

背面

8. 制作完成后的扣条。

◎ **图5-1-10**　双色花扣扣条制作——胶水黏合法

第二节　扣结的制作

视频 19　一字
扣扣头制作工艺

直扣也叫一字扣，是旗袍最常用，也是最见手工针法功底的扣子。直扣顾名思义，就是扣身要笔直，不可左右倾斜扭倒。一对直扣以扣头为中心，扣尾长度一致，扣环和扣头之间留有适当解扣空隙。

一、扣结的打法

一字扣扣结制作要求：扣头各块面大小均匀，扣条光面朝上，扣头不塌陷。双色扣需同色面朝外，扣条外侧颜色与扣结外侧同色（图5-2-1）。

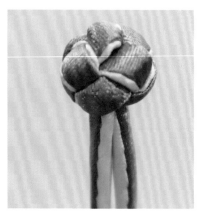

◎ **图5-2-1** 双色扣结实样

（一）一字扣扣结打法示意图（图5-2-2、视频19）

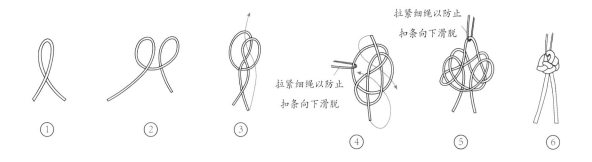

◎ **图5-2-2** 一字扣扣结打法示意图

（二）双色一字扣扣结具体制作过程（图5-2-3）

1. 取一根长度约20cm的扣条，左右手各执一边，将左边的扣条往上绕，并留出约15cm。

2. 将右边的扣条往下绕，留出约6cm。

3. 将右边的环压住左边的环。双环有相交，形成三个环形空间。

4. 左手拇指按住双环交叉点，把右边的短扣条压住左边的长扣条顺势用无名指和小指夹住。

5. 接着开始穿环，把靠下的长扣条先从上往下穿入第一个环。

6. 长扣条继续从下往上穿过第二个环。

7. 再把长扣条从上往下穿入第三个环。

8. 手抓住长扣条使它从第一环下方穿上来。

9. 最后把短的扣条也从下往上穿出第一个环。注意短扣条和长扣条出自同一个环孔，始终并合在一起。用手轻轻捏住两根扣条，左右这里会有一个可提的环出现。如图中左手捏住的环。

10. 在提环中间穿入一条辅助绳条，松松地打个结，辅助绳的作用是防止扣环收紧抽拉过程中失去扣头顶点，使扣球失败或者变形。

11. 按住套环的绕伸方向，顺时针或者逆时针调整扣条，使其越来越紧，两侧扣条均需留出约6~7cm做扣身用（注意在调整时，扣条不要有扭曲、反色现象）。

12. 手工收紧的扣头捏一下，如果还有松隙，可用扁头镊子顺着扣条的走向，再一次拨动调整扣头，使其更加紧凑，直到紧实有力，难以随意捏扁为好。

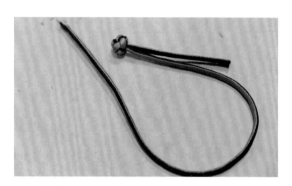

13. 扣头调整完成后，再抽出辅助条绳，即告完成。

14. 注意完成的扣结，扣头和扣身外露的颜色要一致。

◎ **图5-2-3** 双色一字扣结具体制作过程

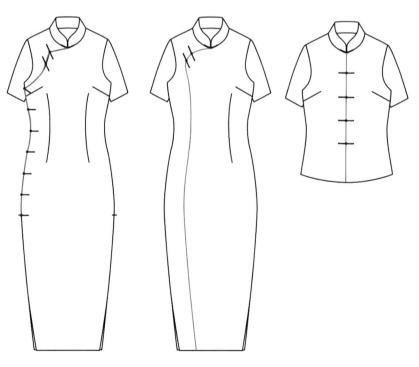

◎ **图5-2-4** 一字扣不同扣位的示例

二、一字扣的钉缝

一字扣是一种古典传统的盘扣方式，其造型简约大气，端庄秀丽，在旗袍缝制中最为常见。一字扣不光起到牵住衣襟的作用，而且可以分布在不同部位达到装饰的效果。在旗袍和中式服装上，装钉的部位不同（图5-2-4），钉缝方法也有所不同。

（一）旗袍上扣位的确定

一字扣在旗袍中扣位的确定有规范性的要求，具体如下：

① 领子三对扣各相距1.5cm；

② 胸襟扣两对相距4.5cm；

③ 侧缝扣大襟第一对扣位要画在大襟边与侧缝夹角的角平分线位置；

④ 腰节线上的扣子因胸和肩胛骨起翘的原因，头略朝上

⑤ 腰节线下的扣子画平。

图5-2-5为旗袍在着装状态时扣位确定示意图，图5-2-6是在旗袍实样上确定扣位图示。

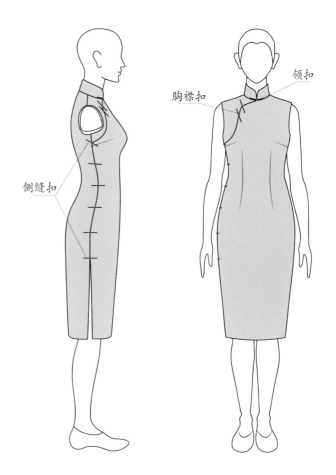

◎ **图5-2-5** 旗袍在着装状态时扣位确定示意图

◎ **图5-2-6** 在旗袍实样上确定扣位图示

173

（二）一字扣的钉缝（视频20）

视频20　一字扣的钉缝

一字扣钉缝工艺极其讲究，扣子尾部的处理、针脚密度、背面的线迹、起针和收针等都有具体工艺要求，详见下述。

一字扣位置的要求：门襟线为扣子钉缝的中线，扣头头部在缝钉时要刚好定位在门襟线的外侧。这是因为扣环在扣紧扣头时，扣头会因为扣环的厚度抵住向自己的这侧向上抬，使扣头在扣紧后恰好来到门襟中线的位置。

确定扣环的制作尺寸时，需把握扣好后的松紧度，可以一手拿环，一手拿扣头，以扣环刚好能让扣头通过再略紧一点为好。太宽松会造成扣头因为运动而滑脱，太紧造成穿脱时困难。

一字扣的针脚高在扣襻条的2/3高度处，每针的间距约0.3~0.4cm。

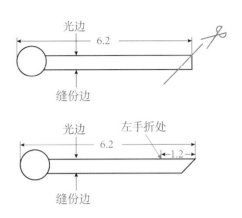

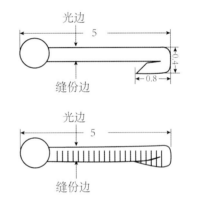

1. 一字扣的钉缝

带扣结一侧的钉缝示意图见图5-2-7。

带扣结一侧实样具体钉缝过程见图5-2-8。

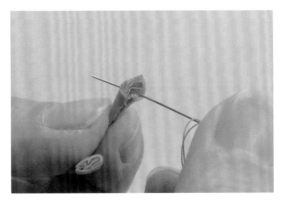

◎ **图5-2-7** 带扣结一侧的钉缝示意图

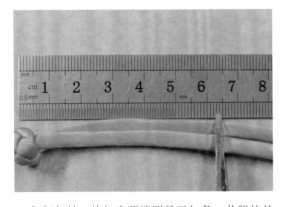

1. 打好扣结，从扣头顶端测量至扣条一共留约长6.2cm剪断。一般一字扣的成品长连头是5cm，弯折厚度加折掉的尾部预留1.2cm左右。

2. 尾部向下45°剪斜角，先用针线固定尾部，把线结藏在扣条的夹缝中。

 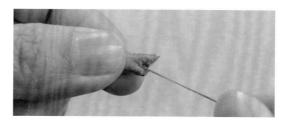

3. 缝三针左右把毛头缝合。注意尾部缝合针脚不能太多，外露太多线迹不美观。

 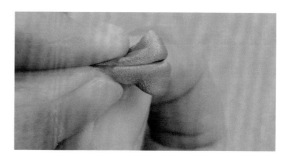

4. 折尾时两手捏住扣条，两根扣条长度一致，左手捏在距毛头1.2cm处，右手顺势向下弯折。扣尾要对称而饱满，忌一长一短或者扭曲。

 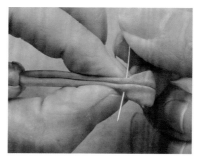 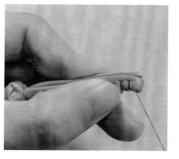

5. 扣尾背面的部分如图，把折过去的顶端部分藏在两根扣条中间。

6. 左手辅助捏紧藏好的扣尾处，右手开始缝合固定。

7. 从藏面料处向成品的尾端用针逐渐后退固定三到四针。

 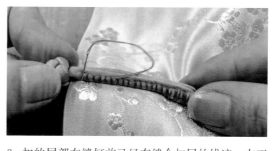

8. 尾部做完之后就可以钉在衣服上了。初钉者可以在面料上先画线或者用机器长针车线标示出钉扣的位置，从尾部起针向头部均匀缝制。在尾部落针固定前再次确定扣头位置刚好超出门襟线。

9. 扣的尾部在缝钉前已经有缝合扣尾的线迹，在正式开始从尾到头缝制到衣服上时会有一段重合线迹，只要量不多，尽量出针处不完全重叠，这样就不会影响美观。手工缝钉时需把握松紧度，落针抽线和出针抽线用力要均匀，以防止扣条一边倒，针脚高在扣襻条的2/3高度处，每针的间距约0.3~0.4cm。一直钉到离扣头相距一个扣环的距离处时结束，并在最后结束的那一针原地缝合两次以保证扣头在反复使用时不被拉松。

10. 完成后的实样，左图是正面效果，右图是背面效果。

◎ **图5-2-8** 带扣结一侧实样具体钉缝过程

2. 扣环的钉缝

带扣环一侧实样具体钉缝过程见图5-2-9。

1. 一字扣扣环尾部做法和钉法与扣头端相同，以扣头为中心点扣环端和扣头端的扣条长度对称相同（实际上衣服穿着时扣环套住扣头成环形，因此扣环一侧钉之前的长度也要保持略弧形来测量）。

2. 缝制好扣环的尾部，从尾部开始缝，钉法同扣头这边，略。

3. 钉缝完成后效果，左图是钉好的一字扣正视图，右图是钉好的一字扣侧视图。

◎ **图5-2-9** 扣环一侧实样具体钉缝过程

（三）领头直扣的钉缝方法

因为领圈沿着脖子向外弧，因此钉领扣一字扣的时候需要手托着领子，呈外弧状进行缝制（见图5-2-10），这样缝合的领扣才与领圈吻合，不会造成领面面部抽紧起皱等问题。

◎ **图5-2-10**　领扣直扣的钉缝方法

因为设计的需要装扣的位置也会有各种变化。图5-2-11是一款前中门襟钉一字扣的实例，图5-2-12是斜襟处钉一字扣的实例，图5-2-13是腋下侧襟钉一字直扣的实例。

◎ **图5-2-12**　斜襟处钉一字扣的实例

◎ **图5-2-13**　腋下侧襟钉一字扣的实例

（四）其他扣头的钉缝

一字扣除了上述形式外，也有一种是把扣结换成其他球状饰品当作扣头的做法，比如选用珍珠、玛瑙和一些金属饰品作扣头（图5-2-14）。

◎ **图5-2-11**　前中门襟钉一字扣的实例

珍珠扣　　　　　　　　　　　　　　玛瑙扣

◎ **图5-2-14**　其他扣头的一字扣实例

（五）蘑菇扣（单扣头）的钉缝方法

蘑菇扣，实际是直扣的扣头独立成扣，没有扣尾部分。蘑菇扣小巧精致，用在服装上做点缀恰到好处（图5-2-15）。在取色上，可同色，亦可撞色搭配，在制作上，比一字扣更加简单些。

蘑菇扣的制作和钉缝方法（图5-2-16）。

1. 把打好结的扣条长剪剩1cm。　　2. 用尖头镊子把两末端往中间夹　　3. 两边都往里塞，剩0.5cm的柄。
　　　　　　　　　　　　　　　　　缝里塞紧。

4. 藏结起针，把针由里往外穿。　　5. 用锁针把蘑菇扣的扣柄缝好。　　6. 缝完后的蘑菇扣展示。

 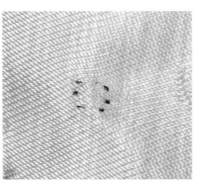 

7. 把蘑菇扣沿扣柄一周垂　　8. 缝制过程中沿着柄依次缝，缝完背
直缝在面料上，针距0.3cm，　　面呈小圆圈，这样使用时受力均匀，
缝线高在柄的约1/2处。　　　　扣头直立于布面，不会东倒西歪。

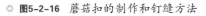

◎ **图5-2-16** 蘑菇扣的制作和钉缝方法　　　◎ **图5-2-15** 蘑菇扣在服装上的使
　　　　　　　　　　　　　　　　　　　　　　　　用效果

第三节　软条花扣的制作

手工旗袍中的软条花扣，顾名思义其制作扣子的材料和扣条是柔软的，可制作出一字扣、葫芦扣、盘香扣、琵琶扣、太阳扣（菊花扣）、蝴蝶扣等，软扣造型多变，易洗涤，在旗袍的运用上比较广泛。本节将介绍较为常用的葫芦扣、琵琶扣、太阳扣的制作方法。

一、葫芦扣（盘香扣）的制作方法

葫芦扣是由软扣条盘成两个圆盘而成，因外形似葫芦（盘香）而得名，扣结一侧和扣环一侧左右对称，见图5-3-1。

葫芦扣完成背面效果　　　　　　　　葫芦扣完成正面效果

◎ **图5-3-1**　葫芦扣成品图

（一）扣条长度的确定（图5-3-2）

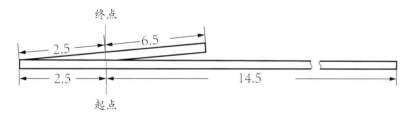

扣襻端扣条长度约26cm

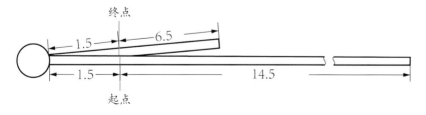

扣结端扣条长度约10.7cm（扣结长）+24cm=34.7cm

◎ **图5-3-2**　扣条长度确定示意图

（二）葫芦扣（盘香扣）具体制作步骤和方法（图5-3-3）

1. 先制做扣结端。将镊子由一边短的扣条反面夹住末端往里卷绕。

2. 盘绕到所需直径大小。

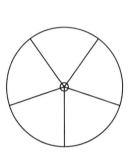

3. 用针线固定圆盘的形状，缝制时以圆心为基点放射状缝制，如右图。

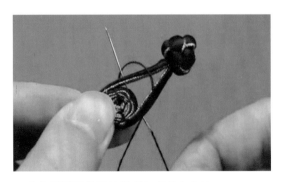

4. 在如图所示位置针缝到扣条的中心处。

5. 固定两针。

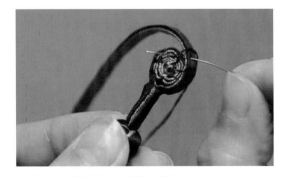

6. 直至把针缝到盘香的另一端中心上。

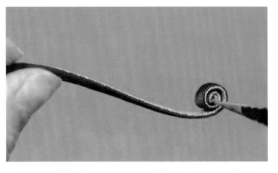

7. 接着用镊子按照上述方法卷绕另一边长的条子。

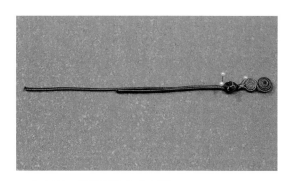

8. 同理盘绕至所需尺寸后，形成一个比短边盘成的大一号的圈，刚好两个圈一前一后排列成一个葫芦状，然后用针线固定。

9. 扣环另一侧的制作方法相同。

◎ **图5-3-3** 葫芦扣（盘香扣）的制作步骤和方法

二、琵琶扣的制作

琵琶扣是由软扣条盘穿而成，因外形似古琴琵琶而得名，扣结一侧和扣环一侧琵琶形对称，见图5-3-4。

琵琶扣的正面   琵琶扣的背面

◎ **图5-3-4** 琵琶扣成品效果图

（一）扣条长度确定（图5-3-5）

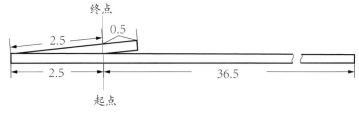

扣襻端扣条长度约42cm

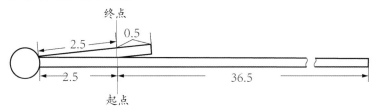

扣结端扣条长度约10.7cm（扣结长）+42cm=52.7cm

◎ **图5-3-5** 扣条长度确定示意图

（二）琵琶扣具体制作步骤和方法（图 5-3-6）

1. 准备扣条。扣条布宽 0.6cm，与其他扣条制作不同，琵琶扣的扣条需要把缝头烫在中间。

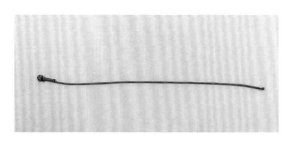

2. 打好扣结，预留短的扣脖及缝头约 2cm，长的扣身加扣脖约 42cm。

3. 较长的扣条绕出如图所示约长 3.5cm 的水滴状，盖住短扣条，留出约 0.5cm 的缝头。

4. 把缝头藏在下面，手缝固定交叠处。

5. 如图，回到正面沿着第一圈的内圈绕出第二个圈。

6. 重复上述步骤，沿内圈绕满。

7. 依次绕到最后一圈。

8. 将剩余的扣条穿入中间的孔，从后面拉出。

9. 背面如图，缝头留0.5cm，把缝头藏入夹边中，用手缝针固定。

10. 依次两两缝住纵向的扣条。

11. 缝完纵向的扣条，再同样方法缝住横向的扣条。

12. 扣结一侧琵琶扣完成后的正面效果。

13. 扣襻套住扣结后留出跟扣结一样长的脖子。

14. 扣襻的其余做法与扣头一样。

◎ **图5-3-6** 琵琶扣具体制作步骤和方法

三、太阳扣（菊花扣）的制作

　　太阳扣（菊花扣）是由软扣条盘绕而成，中间盘绕成圆圈，外圈盘成放射状，因外形似太阳或菊花而得名，扣结一侧和扣环一侧太阳形对称，见图5-3-7。

太阳扣正面

太阳扣背面

◎ **图5-3-7** 太阳扣（菊花扣）成品效果图

（一）扣条长度的确定（图5-3-8）

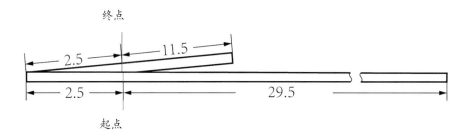

扣襻端扣条长度约46cm

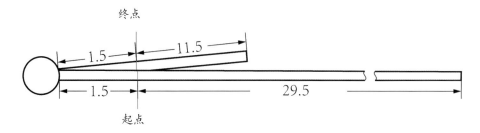

扣结端扣条长度约10.7cm（扣结长）+44cm=54.7cm

◎ **图5-3-8** 扣条长度的确定

（二）太阳扣（菊花扣）具体制作步骤和方法（图5-3-9）

1. 将镊子由短的扣条一边反面夹住末端往里卷紧绕圈。

2. 盘绕至所需直径后，用针线固定圆环形（钉法如盘香扣）。

3. 在长的一边，用手依次折出约0.5cm的小环挨个挤紧。

4. 依次两两缝合，边做边调使外形更加圆润。

5. 扣襻扣住扣结，以扣结为中心点，两边留出一样的长度，另一边扣子的做法与前面相同。

◎ **5-3-9**　太阳扣（菊花扣）具体制作步骤和方法

视频21 硬条花
扣扣条的做法

第四节 硬条花扣的制作——对称花扣

硬条花扣是指将扣条刮浆糊增加硬度，再在扣条中穿进一根细铜丝，按照所设计的形态弯折后定型而成的花扣。

硬条花扣造型自由多变，可分为空芯和填芯、单色和多色花扣等。它不仅运用于旗袍上，还可应用在服饰品、装饰品等可独立欣赏的艺术品上。

对初学者来说，制作硬条花扣时，可事先绘制好花扣图纸，并将图纸固定在软木板上，然后扣条跟着图纸上的线条拗出造型。扣条每折一处，用珠针扎住定位，这样更容易精准定位，方便制作（视频21）。

硬条花扣图案基本有两种：对称图案（图5-4-1）和不对称图案（图5-4-2）。本节介绍硬条对称花扣的制作。

◎ **图5-4-1** 对称图案硬条花扣

◎ **图5-4-2** 不对称图案硬条花扣

一般，对称图案硬条花扣用在领口及对襟款式的门襟上，不对称图案花扣用在斜襟款式的胸口弧线处。

硬条花扣图案在制作时讲究收尾藏头的隐蔽性。在制作时讲究收尾方法，如藏头在扣条、藏头在扣身、藏头在扣脖、藏头在扣尾部等。

本节将对三款对称图案硬条花扣的制作方法进行详解，分别是寿子扣、单头方型扣及颇具难度的双头花扣。

一、寿字扣（传统花扣）制作

寿字扣因其造型类似寿字而得名，扣结一侧与扣襻一侧图案对称（图5-4-3），采用传统花扣的制作方法。

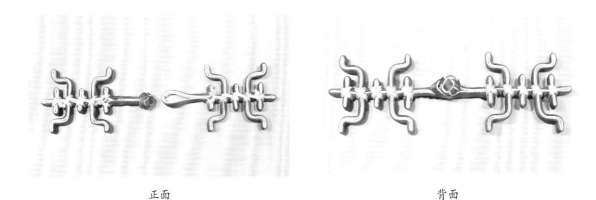

正面　　　　　　　　　　　　　　背面

◎ **图5-4-3**　寿字扣正背面实样

具体制作方法如下：

（一）扣条和捆绑绳线的准备

1. 扣条长度的确定及花型图见图5-4-4。
2. 捆绑绳线的准备（根据不同的设计需要可选择不同粗细和颜色的绳线）。

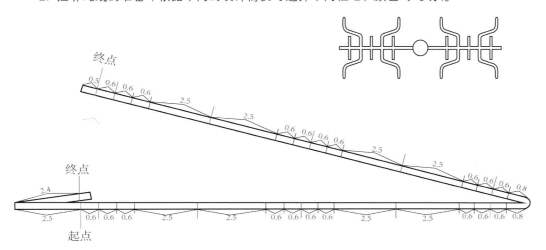

扣襻端扣条长度约39cm

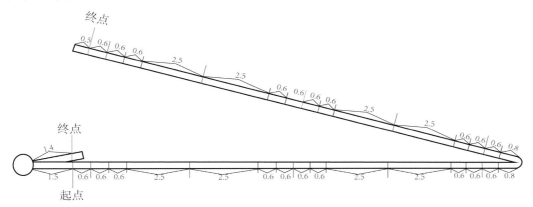

扣结端扣条长度约10.7cm（扣结长）+37cm=47.7cm

◎ **图5-4-4**　扣条长度的确定

（二）寿字扣具体制作步骤和方法（图5-4-5）

寿字扣线条规整、有序，实际制作难度不大，但却需要细心、耐心的把握好细节。

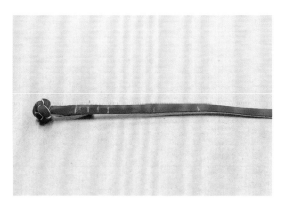

1. 在扣条上用记号笔画出各段的长度节点（根据见图5-4-4）。

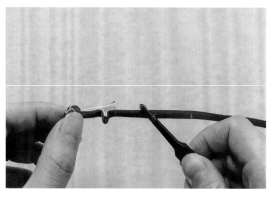

2. 用镊子按扣条上画出的节点拗出字体笔画的形状。核对左右两边是否等长，上下是否对称，用镊子微调。

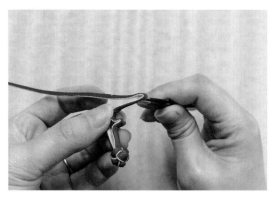

3. 遇到转角处，用镊子顺着转折夹扁压紧。

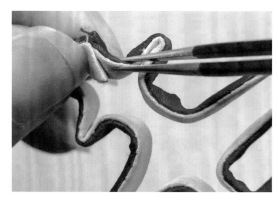

4. 把最后的缝头塞入剩下的另一端条子中（具体做法同对称花扣）。

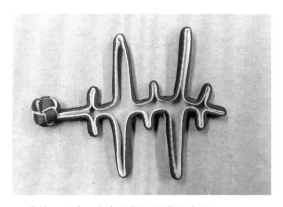

5. 将接口缝合，扣条的拗型制作就完成了。

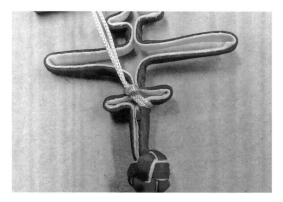

6. 扣条的捆绑：由扣身背面开始捆绑，如图第一个十字位置上穿套结。

7. 把绳子往左下拉，由左下穿过第一个十字位置的背面绕到右上。

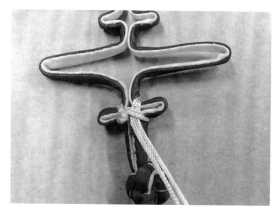

8. 把绳子穿入第一根交叉线下。

9. 把绳子搭到第二个交叉点往下穿入。

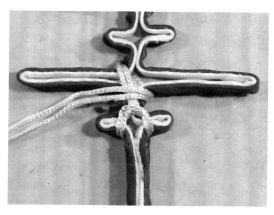

10. 第二个十字的地方，绕到正面，从右下回到背面。

11. 从左下把绳子绕到正面。

12. 从正面右上回到背面穿过两条绳形成的交叉点下。

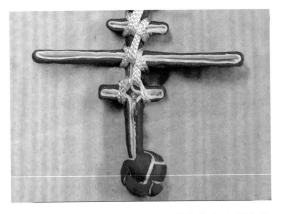

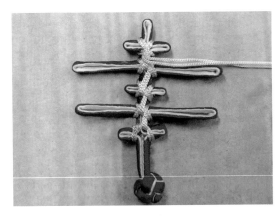

13. 重复第10~13步骤，继续把剩余的十字部位都捆绑拉紧。

14. 结束后打结，并剪掉剩余的绳。

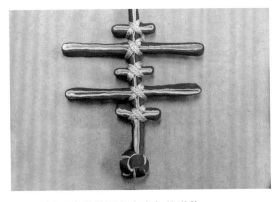

15. 用镊子完善并调整寿字扣的形状。

◎ **图5-4-5** 寿字扣具体制作步骤和方法

二、单头方型扣（藏头在扣条）

◎ **图5-4-6** 单头方型扣实样

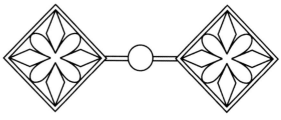

具体制作方法如下：

（一）扣条及花型图的准备（图5-4-7）。

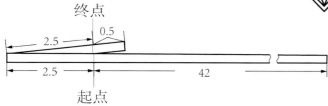

扣襻端扣条长度约47.5cm

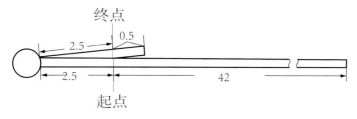

扣结端扣条长度约10.7cm（扣结长）+45.5cm=56.2cm

◎ **图5-4-7**　扣条及花型图准备

（二）单头方型扣的具体制作步骤和方法（图5-4-8）

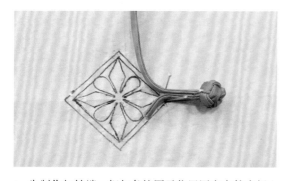

1. 先制作扣结端，把扣条按图示位置固定在软木板上。

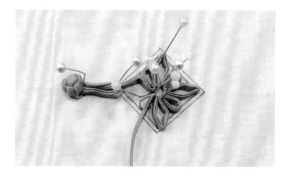

2. 按照纸样盘出形状，用珠针固定每一个转折处。

3. 盘出完整的花扣形状。

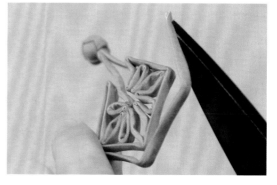

4. 拔出珠针，把盘好的花扣从软木板上取下，把扣条末端两边剪45°斜角。

5. 另一边扣条把毛边往里塞入0.2cm。

6. 把剪好斜角的扣条塞入另一个扣条里面。

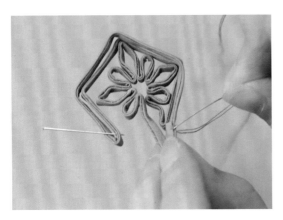

7. 用手缝针把缝头藏好。

8. 用手缝针把它缝合住，每个转折点都两两依次缝合。

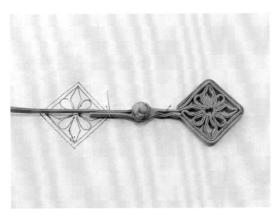

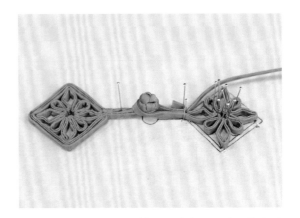

9. 接下来做花扣的扣襻部分。以扣结为中心点，两边留出的"脖子"一样长。

10. 按照扣结端盘花的做法继续盘花。然后拔出珠针，把盘好的花扣从软木板上取下，用手缝针把它缝合住，每个转折点都两两依次缝合。

◎ **图5-4-8** 单头方型扣的具体制作步骤和方法

三、双头扣（藏头在扣身）

图5-4-9是双头扣实样，左图是正面效果，右图是背面效果。

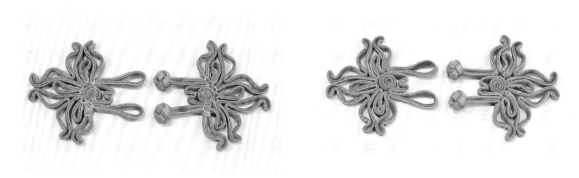

◎ **图5-4-9**　双头扣实样

具体制作方法如下：

（一）扣条及花型图的准备（图5-4-10）

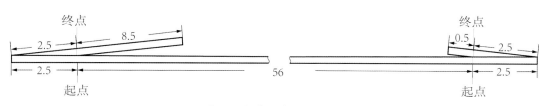

扣襻端扣条长度约75cm

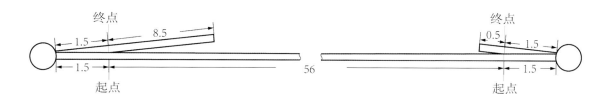

扣结端扣条长度约10.7cm×2（扣结长）+71cm=92.4cm

◎ **图5-4-10**　扣条及花型图的准备

（二）双头扣的具体制作步骤和方法（图5-4-11）

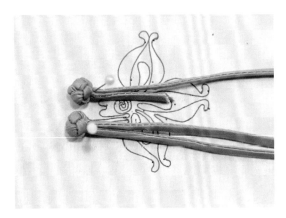

1. 先把双扣结准备好。

2. 从扣结端扣条开始根据花型盘出短条边形状，用珠针固定住。

3. 再盘出长条边形状，转折处用珠针固定。

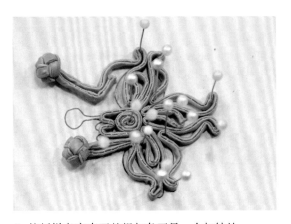

4. 按纸样盘完直至整根扣条至另一个扣结处。

5. 取下珠针先用手针在花扣背面把各个转折连接处固定住。

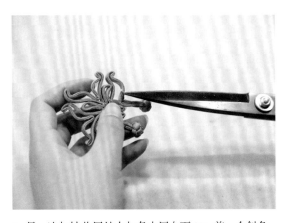

6. 另一边扣结收尾处在扣条末尾向下45°剪一个斜角。

7. 用镊子把缝头塞到两根扣条中间。

8. 在反面用针线给它缝住。注意在正面两个扣条尽量夹紧，以看不到藏头为好。

9. 继续把扣子缝制紧凑，调整出对称漂亮的造型

10. 另一边扣襻部分以扣头为中心点，两扣头留出的脖子一样长。

11. 扣襻端按照纸样同样先盘短边扣条花型，再盘长边扣条花型，注意与扣结这边对称，盘花做法同扣结端。

12. 用针线如上面缝制步骤一样缝好。

◎ **图5-4-12** 双头扣的具体制作步骤和方法

第五节　硬条花扣的制作——不对称花扣

不对称花扣是指扣子合上后，以扣结为中心，左右花型呈现不对称状态的扣子。花扣制作时起始和结束的扣条端口需要暗藏，在表面看不见扣条端口痕迹，这暗藏的扣条端口就叫藏头。花扣的藏头有的在扣脖处，有的在花型的尾部，不同的花扣有不同的藏头位置。

一、藏头在扣脖的不对称花扣

图5-5-1是一款藏头在扣脖处的不对称花扣，左图为实样正面效果，右图为实样背面效果。

正面

背面

◎ **图5-5-1**　藏头在扣脖的不对称花扣

（一）扣条及花型图的准备

在不对称花扣制作前，需准备花扣的花型图纸、合适的扣条并计算完成花扣所需扣条的长度，具体见图5-5-2。

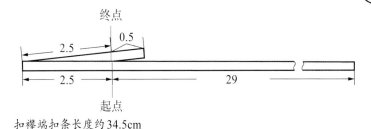

扣襻端扣条长度约34.5cm

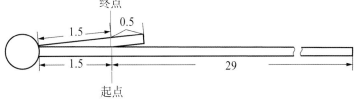
扣结端扣条长度约10.7cm（扣结长）+32.5cm=43.2cm

◎ **图5-5-2**　扣条及花型图的准备

（二）藏头在扣脖的不对称花扣制作步骤及方法（图5-5-3）

1. 先做花扣的扣结端。把花型图纸放在软木上，按照图纸的线条把扣条固定在软木板上。

2. 在扣条短的一侧，扣条末端往下45°剪一个斜角。

3. 用镊子把藏头夹在两根扣条中间，用珠针固定住。

4. 按照花型纸样上的线条盘出形状，用珠针固定每一个转折处。

5. 继续盘出完整的花扣形状。

6. 拔出珠针，把盘好的花扣从软木板上取下。扣条末端留出1.3cm，往下45°剪一个斜角。

7. 用镊子把剩下的扣条一端（藏头）夹在两根扣条中间。

8. 用手缝针把它缝合住，每个转折点都两两依次缝合。

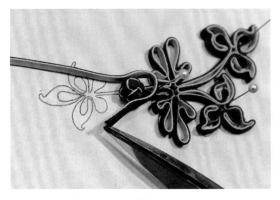

9. 接下来是做花扣的扣襻端。以扣结为中心点，扣条两边留出的脖子一样长。扣条短的那一端与步骤3一样用镊子夹在两根扣条中间。

10. 与扣结端的花扣一样按照图案线条盘出花扣的形状，藏头处理同步骤7。把扣襻端盘好的花扣从软木板上取下，跟步骤8一样用手缝针把它缝合住，每个转折点都两两依次缝合。完成的实样见图5-5-1。

◎ **图5-5-3** 藏头在扣脖的不对称花扣制作步骤及方法

二、藏头在尾部的盘香花扣

图5-5-4是一款藏头在尾部的盘香花扣，左图为实样正面效果，右图为实样背面效果。

正面

背面

◎ **图5-5-4** 藏头在尾部的盘香花扣实样

（一）扣条及花型图的准备

在花扣制作前，需准备花扣的花型图纸、合适的扣条并计算完成花扣所需扣条的长度，具体见图5-5-5。

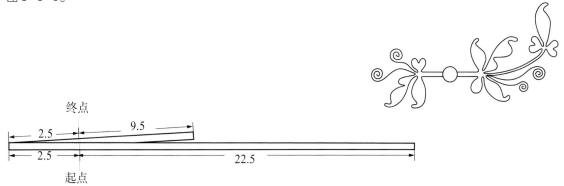

扣襻端扣条长度约37cm

扣结端扣条长度约10.7cm（扣结长）+48cm=58.7cm

◎ **图5-5-5** 扣条及花型图的准备

（二）藏头在尾部的盘香花扣制作步骤及方法（图5-5-6）

1. 先打好扣结，按照纸样上图案的线条盘出一边形状。

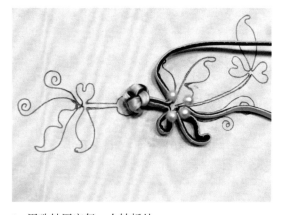

2. 用珠针固定每一个转折处。

3. 将镊子由一边短的扣条反面夹住末端往里卷绕（藏头处于圆心）。

4. 盘绕至所需直径后，用珠针固定盘香形状。

5. 按照纸样图案线条继续盘出另一边形状，用珠针固定每一个转折处。

6. 把花扣从软木板上取下，用镊子调整盘香，为了使花芯部分美观，可以用尖头镊夹紧扣条尾端下压用力轻轻向内旋转，带动卷条收紧圆顺。

7. 盘绕至所需直径后，用线缝合固定盘香形状。

8. 继续把每个转折点都两两依次缝合。

9. 扣襻端制作。

10. 按照纸样图案线条继续盘出花扣形状，用珠针固定每一个转折处。

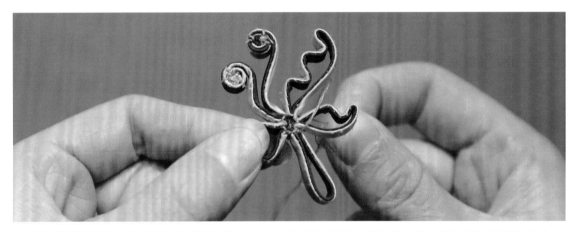

11. 把扣襻端的花扣从软木板上取下跟步骤5、6、7一样用手缝针把它缝合住，每个转折点都两两依次缝合。

◎ **图5-5-6** *藏头在尾部的盘香花扣制作步骤及方法*

　　制作者在花扣制作逐渐熟练的情况下，可以简化花扣的制作步骤，不需要软木板等的协助，只需要按测量长度折边后缝合制作。如金鱼对扣的制作步骤见图5-5-7、视频22。

视频22　测量法花扣的制作

1. 准备好花扣图样。

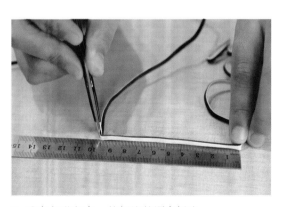

2. 准备好花扣条，按标注的顺序折边。

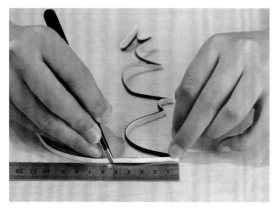

3. 按标注的长度顺序折好短边。

4. 折好后观察是否对称。

5. 缝好珠玉等装饰扣头。

6. 把各个折点缝合起来。

7. 按图纸完成线条造型。

8. 调到左右对称。

9. 鱼尾的造型用镊子辅助调整好。

10. 半成品一对扣合在一起，再次调整细节和对称度。

11. 完成的双鱼对扣。

◎ **图5-5-7** 金鱼对扣的制作步骤

第六节　实心花扣的制作

实心花扣是在空心花扣的基础上填充了珍珠、棉花等装饰品，使得花扣造型更加多样化。

一、花扣嵌珠子的制作

图5-6-1是一款花扣嵌珠子的实样效果，在扣条空心处的适当位置镶嵌珠子。

花扣嵌珠子具体制作步骤和方法见图5-6-2。

◎ **图5-6-1**　花扣嵌珠子实样效果

1. 参照前面花扣的制作方法做好一对花扣。

2. 从背面用针线穿入适合花扣大小的珠子。

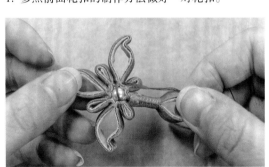

3. 把珠子固定在花扣上。

4. 除了花扣的中心点外也可以在其他地方缝上珠子。

◎ **图5-6-2**　花扣嵌珠子具体制作步骤和方法

二、花扣填棉花的制作（视频23）

图5-6-3是一款花扣填棉花的实样效果，在扣条空心的适当位置填充棉花。

正面

背面

◎ **图5-6-3**　花扣填棉花的实样效果（左图为正面，右图为反面）

花扣填棉花具体制作步骤和方法见图5-6-4。

视频23　花扣的填芯法

1. 可以直接在做好的空心花扣里填充棉花，也可以在有珠子的花扣里继续填充棉花。

2. 选好配色缎面布，在布的背面，描出所填花扣的形状，然后放出1cm左右的缝头剪好形状。

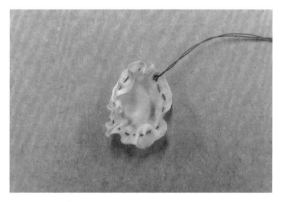

3. 在距离布边0.2cm处用缩针缝一圈，把布抽成窝状。

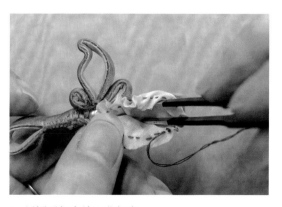

4. 用镊子把布放入花扣内。

5. 取适量的棉花塞入布中。

6. 拉缩缝线收口，并继续用镊子使棉花填充紧实，同时翻到正面看是否填充完整。

7. 收尾处，一边按住棉花，一边收紧缝线，再用少许白胶使布边黏合。

8. 继续用针把布边缝的更加牢固，并且把填棉花的布与花扣的边沿处缝合。

9. 翻到正面用镊子再次调整好花型，同样的方法填充其他所需填充的地方。

◎ 图5-6-4 花扣填棉花具体制作步骤和方法

第七节 花扣的钉缝方法

视频24 领口花扣的缝合方法

花扣，是绽放在旗袍之上的传统符号。形态各异的花扣，精巧细致，它融入了手艺人的智慧、美感，一套优美的旗袍，配上花扣的点缀，更具美感。花扣的钉缝工艺要求很高，要求针迹精细均匀，花扣钉缝在衣片上平整不起皱，扣结与扣襻合上后平服（图5-7-1）；钉缝衣片的反面针迹细匀，衣片平服（图5-7-2）。

花扣钉缝的步骤和方法见图5-7-3、视频24。

◎ **图5-7-1** 花扣在衣身上完成正面　◎ **图5-7-2** 花扣钉缝在衣身上的反面线迹

1. 把旗袍穿在人台上，把花扣放在所需的位置，用珠针定好位置。

2. 用手缝针把每个花扣的转弯点固定一下，使其取下的时候位置和形状保持不变。

3. 把珠针处固定点用褪色笔做上记号，然后取下珠针，把衣服从人台上取下来。

4. 用针把扣子缝制固定在服装中的方法跟缝一字扣一样。为保证衣服清洗后花扣依然硬挺有型，要沿着花扣条的外侧一圈缝住。缝的时候不需要把扣条两面穿通。

◎ **图5-7-3** 花扣钉缝的步骤和方法

第八节 花扣图案及成品欣赏

一、花扣图案

花扣图案形态各异，有对称图案和不对称图案之分。装饰在不同款式上，表达着不同的服饰语言。有的花扣含蓄、典雅，有的花扣洋溢着浪漫和娇俏。花扣在端丽中见美感，于古雅中见清纯。

（一）对称图案

对称图案以花扣合上后的扣结为中心，图案呈现左右对称（图5-8-1），显得中规中矩，符合中国传统的审美标准。

◎ **图5-8-1** 对称图案

（二）不对称图案

不对称图案以花扣扣合上后的扣结为中心，图案呈现左右不对称（图5-8-2），不对称图案相对显得灵气，富有变化，有活泼之美。

◎ **图5-8-2**　不对称图案

二、花扣成品欣赏

（一）对称花扣成品欣赏（图5-8-3）

◎ **图5-8-3** 对称花扣成品欣赏

（二）不对称花扣成品欣赏（图5-8-4）

◎ **图5-8-4** 不对称花扣成品欣赏

三、花扣在旗袍中的应用

　　花扣在旗袍上兼具实用和装饰的双重功能，起到了画龙点睛的作用。其丰富多彩的扣款，使旗袍更具工艺之精美。以下旗袍花扣出自碧红旗袍工作室的成品，供读者欣赏（图5-8-5）。

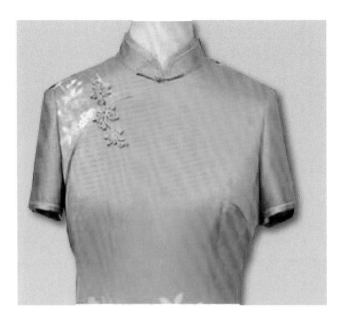

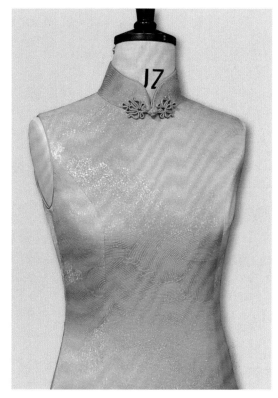
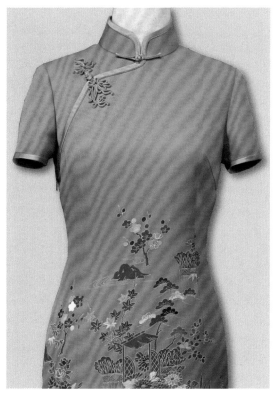
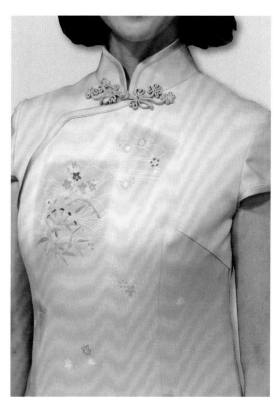

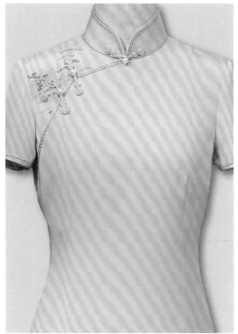

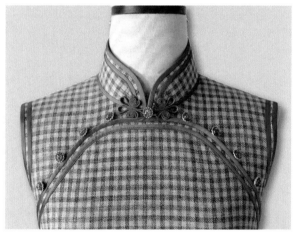

后　记

　　本系列丛书是作者多年定制工作中解决不同体型的女性在旗袍穿着时出现的各类问题和制作过程中各种工艺处理方法经验的汇集，本书既是对自己多年工作的总结，也是为初入行者或热爱旗袍工艺的同道们一些初浅的释疑。

　　历时四年之久，写写停停，停停写写，中间经历疫情时期的困顿，经历文本和图片的反复修改、补充、校正。在本系列丛书的编撰过程中得到了我大学时代的老师、公司同事、学员等众多人员的帮助和指正。在此感谢浙江理工大学鲍卫君老师的多次斧正；感谢公司版师万娟，助手丁飞炎，样衣师张雪晴，员工夕越、陈哥来和郭唱等为完成本书的辛勤付出；感谢几年来一直给我这个写书新手支持和鼓励的出版社编辑！感谢所有人的共同坚持和付出！

　　本系列丛书包括《高定旗袍手工工艺详解》《高定旗袍制版技术》《高定旗袍缝制工艺详解》，全书文字配合图片进行内容详解，内容之广，反复修改时间之耗，远远超出写书初期的想象。如今新书终于面世，墨迹馨香。但书中肯定有不少漏缺与错误之处，恳请各位南北同行指正，让其更完善。让我们大家一起努力为国内旗袍高定事业的发展添砖加瓦。

编　者

参考文献

郑嵘.旗袍传统工艺与现代设计［M］.北京：中国纺织出版社，2000年。